MATEMÁTICAS FINANCIERAS PARA INVERSIONISTAS Y EMPRENDEDORES

$$x\% = \frac{x}{100}$$

TODO LO QUE HAY QUE SABER DE...

EL CÁLCULO DE PORCENTAJES

Matemáticas Financieras para
Inversionistas y Emprendedores

Serie de Textos Monotemáticos
Todo lo que hay que saber de...

Sergio Alejandro Salinas Güemes

TODO LO QUE HAY QUE SABER DE...

EL CÁLCULO DE PORCENTAJES

Serie de textos monotemáticos:

Todo lo que hay que saber de...

Temas de Matemáticas Financieras para Inversionistas y Emprendedores

Primer título de la serie

Título original de la obra: Todo lo que hay que saber de... El cálculo de porcentajes

Copyright ©, México 2023, Sergio Alejandro Salinas Güemes.

Todos los derechos reservados en favor de su autor.

Autor: Sergio Alejandro Salinas Güemes

ISBN-13: 9798857655795

La presente obra ha sido registrada en favor de su autor, en su totalidad, ante el Instituto Nacional de los Derechos de Autor (INDAUTOR), con fecha 7 de junio de 2023, obteniendo el número de registro **03-2023-060714281200-01**.

Queda prohibida la reproducción y/o distribución parcial o total de esta obra, por cualquier medio, ya sea manual, mecánico electromecánico, electrónico, opto-electrónico o de cualquiera otra índole, sin la autorización explícita y por escrito de su autor.

Diseño de la portada: Magnolia Velasco Villagómez

Ilustraciones: Magnolia Velasco Villagómez

Tabla de contenido

PRESENTACIÓN	**1**
UN ASUNTO DE IMPUESTOS	**3**
Ejercicios del primer capítulo	14
RAZONES Y PROPORCIONES	**18**
Ejercicios del segundo capítulo	32
DE COMPRAS EN LA TIENDA DEPARTAMENTAL	**36**
Ejercicios del tercer capítulo.	66
FIJACIÓN DE PRECIOS Y UTILIDAD BRUTA	**71**
Ejercicios del cuarto capítulo.	89
¿PORCENTAJE O PUNTOS PORCENTUALES?	**94**
Ejercicios del quinto capítulo	100
LOS PORCENTAJES NO SIEMPRE SON ADITIVOS	**105**
El negocio de mercadeo en multinivel de Samuel.	105
El negocio de productos de limpieza de Águeda.	136
El portafolio de inversiones de José.	144
La comercializadora de Miguel Ángel	155
Ejercicios del sexto capítulo.	176
Apéndice A. Redondeo de cifras	**184**
Apéndice B. Operaciones con fracciones (quebrados).	**187**

PRESENTACIÓN

Este es el primer título de la serie de textos monotemáticos **Todo lo que hay que saber de…**

La serie está compuesta por títulos que abordan sólo un tema a la vez de un programa completo de Matemáticas Financieras para Inversionistas y Emprendedores.

La serie comienza con este título, **Todo lo que hay que saber de… El cálculo de porcentajes,** que expone la idea básica del porcentaje como una manera de calcular y expresar porciones de cantidades y sus múltiples aplicaciones prácticas.

Para aquellas personas que han dejado de estudiar algún tiempo atrás o que no tienen frescos los conocimientos relacionados con los fundamentos del álgebra de bachillerato, es altamente recomendable que repasen esos temas antes de abordar éste y sigan los temas de la serie en el orden preestablecido.

Dicho lo anterior, queda claro que en este volumen asumiremos que el lector entiende bien el lenguaje del álgebra de bachillerato y las operaciones aritméticas elementales con números fraccionarios.

EL AUTOR

Cuernavaca, Morelos. México.

Invierno de 2022-2023

UN ASUNTO DE IMPUESTOS

Cuenta la leyenda que en el lejano, antiguo y muy próspero reino de Prosperitania los mercaderes ganaban mucho dinero. El rey Próspero, viendo en eso una oportunidad de mejorar el reino para todos sus habitantes (vamos, es una historia inventada), decidió imponerles a todos los mercaderes una cuota que debían pagar al reino en proporción a sus ganancias, es decir: un impuesto.

Así es que el rey publicó un edicto real que decía algo como esto:

> "A todos los habitantes de Prosperitania, dedicados al comercio, sabed:
>
> Que a partir de la publicación de este Edicto Real y hasta que su majestad el rey Próspero disponga otra cosa, todos los mercaderes deberán pagar al reino, mensualmente, 20 talentos de oro por cada 100 talentos de oro que ganen durante el mes."

Después del entendible malestar que ocasionó entre los mercaderes del reino esta noble acometida del rey en contra de sus finanzas, los mercaderes reunidos comenzaron a preguntarse cómo calcular la cantidad que debían pagar al rey.

Uno de ellos, llamado Whadi, dijo:

"Bueno, este mes yo gané 500 talentos de oro, así que para mí la cuestión es muy simple, lo primero que tengo que hacer es saber cuántas veces ingresaron a mis arcas 100 talentos de oro, es decir, cuántas veces caben 100 talentos de oro en los 500 talentos de oro que tuve de ingresos totales este mes, lo cual, claramente, podemos saberlo haciendo esta división:

$$\frac{500\,T}{100\,T} = 5$$

Ahora bien, por cada una de esas 5 veces que ingresaron 100 T a mis arcas, yo debo pagar 20 T al reino, de manera que ahora, claramente tengo que hacer una multiplicación:

$$Impuestos\ a\ pagar\ de\ Whadi = 5 \times 20\,T = 100\,T$$

Así que tendré que pagar al Rey 100 Talentos de oro este mes."

Apenas terminaba Whadi de hacer sus cálculos, cuando un calculista que estaba observando la escena intervino para aclarar el procedimiento de cálculo de Whadi y dijo:

"Podemos resumir los cálculos que ha hecho nuestro buen amigo Whadi, en un solo procedimiento, de la siguiente manera:

$$Impuestos\ a\ pagar\ de\ Whadi = \frac{500\,T}{100\,T} \times 20\,T$$

¿Están todos de acuerdo?"

Antes de que contestaran todos los mercaderes presentes en la reunión, otro mercader llamado Ha'lil se apresuró a decir:

"Esperen un momento, no sé si ese procedimiento de cálculo funcione en mi caso, porque yo tuve ingresos por 350 T y ahí, claramente, no caben un número exacto de veces los 100 T".

El calculista, con mucha seguridad respondió:

"Ese no es un problema, mi estimado Ha'lil, tu caso se resuelve de la misma manera. La división que Whadi hizo al principio de su procedimiento, te dará el número de veces que caben los 100 T de oro en los 350 T de oro de tus ingresos; aunque el resultado no sea un número entero de veces. El cálculo es el siguiente:

$$\frac{350\ T}{100\ T} = 3.5$$

Esto significa que los 100 T de oro caben 3 y media veces en tus 350 T de oro. ¿Estás de acuerdo?

Ha'lil no podía estar más de acuerdo y le pide al calculista que termine de hacer el cálculo que corresponde a la cantidad de impuestos que él debe pagar.

Entonces, el calculista le muestra el siguiente cálculo:

$$Impuestos\ a\ pagar\ de\ Ha'lil = \frac{350\ T}{100\ T} \times 20\ T$$

$$= 3.5 \times 20\ T$$

$$= 70\ T$$

Otro comerciante, de nombre Ebenezer, interviene ilusionado: "Obviamente yo no tendré que pagar impuestos, ¿cierto? Porque el edicto real claramente dice que debemos pagar 20 T por cada 100 T que ingresen en nuestras arcas y mis ingresos este mes fueron de 72 T, ¡Los 100 T no caben ni una sola vez en los 72 T!"

El calculista, de nombre Al Khowarizmi, le responde con contundencia:

"Lamentablemente para ti, no es así, mi estimado Ebenezer. La forma correcta de interpretar lo que significa la frase 20 T por cada 100 T es que si tus ingresos son una fracción de los 100 T, en la misma proporción deberás pagar los 20 T. Es decir, si tus ingresos son la mitad de los 100 T, entonces deberás pagar la mitad de los 20 T de la cuota de impuestos, es decir, 10 T. Si tus ingresos son 20 T, esto es, la quinta parte de los 100 T, entonces deberás pagar la quinta parte de los 20 T de la cuota del impuesto real, es decir, 4 T.

De hecho, si observas con atención, en el caso anterior de Ha'lil, sus ingresos son de 350 T, esto significa que los 100 T caben tres y media veces o 3.5 veces en los 350 T, por lo que deberá pagar 3 y media veces la cuota del impuesto real."

"Entonces, ¿cuánto debo pagar de impuestos?" Pregunta con desconsuelo Ebenezer.

"Vamos a realizar el cálculo de tus impuestos pero, de nuevo, paso por paso para que te quede claro –propone el calculista.

Primero, necesitamos saber cuántas veces caben los 100 T en tus 72 T de ingresos, para lo cual, ya sabemos que tenemos que hacer la división:

$$\frac{72\ T}{100\ T} = 0.72$$

Esto es, los 100 T caben 0.72 veces en tus 72 T de ingresos. Entonces, como dije anteriormente, deberás pagar sólo esa porción de los 20 T de la cuota del impuesto real. Es decir:

$$Impuestos\ a\ pagar\ de\ Ebenezer = 0.72 \times 20\ T$$

Lo que nos da, finalmente:

$$Impuestos\ a\ pagar\ de\ Ebenezer = 14.40\ T$$

¿Estás de acuerdo, Ebenezer?"

"Pues aunque no estuviera de acuerdo, de todas maneras tendría que pagar los impuestos." Contesta Ebenezer, desilusionado.

El calculista, viendo que los mercaderes comienzan a aglutinarse en torno suyo para solicitarle ayuda en los cálculos de sus respectivos impuestos, les dice con aplomo: "no se preocupen, les voy a facilitar sus cálculos con un pequeño truco."

"Antes que nada –dice el calculista, tratando de atraer la atención de todos los mercaderes– observemos que la fórmula general para calcular los impuestos de cualquiera de ustedes es la siguiente:

$$impuestos = \frac{ingresos}{100\ T} \times 20\ T$$

La división de sus ingresos entre 100 T nos da el número de veces que han ingresado 100 T de oro a sus arcas y por cada una de esas veces, tendrán que pagar 20 T de oro, por lo que la final hay que multiplicar por 20 T. ¿Están todos de acuerdo?"

Felizmente, están todos de acuerdo, así que Al Khowarismi ahora procede a revelarles su sencillo, pero eficaz truco.

"Quiero que observen con mucha atención la siguiente propiedad de los números fraccionarios o quebrados, como muchos de ustedes los conocen. Supongamos que tienen que realizar la siguiente operación:

$$\frac{12 \times 4}{2}$$

La solución más directa es resolver primero la multiplicación en el numerador, así:

$$\frac{12 \times 4}{2} = \frac{48}{2}$$

Y luego resolver la división para obtener el resultado final:

$$\frac{48}{2} = 24$$

Pero también lo podemos hacer de otras dos maneras, colocando el denominador debajo de sólo uno de los factores del numerador y dividiendo primero y luego multiplicando. Esta es una de esas maneras:

$$\frac{12 \times 4}{2} = \left(\frac{12}{2}\right) \times 4 = 6 \times 4 = 24$$

Y esta es la otra:

$$\frac{12 \times 4}{2} = 12 \times \left(\frac{4}{2}\right) = 12 \times 2 = 24$$

Como pueden ver, en cualquiera de los tres casos obtenemos el mismo resultado, no importa si el denominador está debajo de todo el producto del numerador o debajo de sólo uno de los factores, sin importar cuál de los dos."

Algunos mercaderes, asombrados, preguntan con curiosidad: "¿y eso vale para todos los números, es decir, siempre se puede hacer eso?"

El calculista responde con mucha seguridad: "Siempre funciona. De hecho es el resultado natural de aplicar las propiedades elementales de los números. Ustedes pueden verificarlo haciendo sus propios cálculos con otros números."

"¿Pero, y eso cómo nos ayuda con nuestros cálculos de impuestos?" Pregunta uno de los mercaderes, convirtiéndose sin saberlo en el portavoz de todos los demás.

"Ah, aquí viene el pequeño truco –dice el calculista, mientras escribe en la pizarra y explica–, todo lo que tienen que hacer es reescribir nuestra fórmula cambiando el denominador debajo del otro factor. Así que en lugar de esta forma:

$$impuestos\ a\ pagar = \frac{ingresos}{100\ T} \times 20\ T$$

Ponemos la fórmula en esta otra forma equivalente:

$$impuestos\ a\ pagar = ingresos \times \frac{20\ T}{100\ T}$$

Lo que, a final de cuentas, se reduce a:

$$impuestos\ a\ pagar = ingresos \times 0.2$$

Más simple, no puede ser, ¿cierto?"

"Entonces, ¿todo lo que tenemos que hacer es multiplicar nuestros ingresos por el factor 0.2?" Pregunta un poco incrédulo uno de los mercaderes.

"Así es –responde el calculista–, pero vamos a resolver un par de casos para vean que esto funciona perfectamente."

Entonces, el calculista procede a resolver dos casos más, por los dos métodos: el original y el método con truco.

"Tomemos el siguiente caso de Abdul, que obtuvo este mes un ingreso de 725 T de oro. Si hacemos el cálculo con nuestra fórmula original tendremos:

$$Impuestos\ de\ Abdul = \frac{725\ T}{100\ T} \times 20\ T = 7.25 \times 20\ T = 145\ T$$

Si lo hacemos con nuestra nueva fórmula, tenemos:

$$Impuestos\ de\ Abdul = 725\ T \times 0.2 = 145\ T$$

Ahora tomemos el caso de Josué, que este mes ganó 480 T de oro. Con la fórmula original, el cálculo de sus impuestos queda:

$$Impuestos\ de\ Josué = \frac{480\ T}{100\ T} \times 20\ T = 4.8 \times 20\ T = 96\ T$$

Y con nuestra nueva fórmula, el cálculo nos da:

$$Impuestos\ de\ Josué = 480\ T \times 0.2 = 96\ T$$

Como pueden ver, en los dos casos obtenemos el mismo resultado con cualquiera de las dos fórmulas, pero la segunda fórmula es más sencilla, pues sólo requiere de una operación."

Todos los mercaderes parecen muy contentos con la solución del calculista; pero siempre hay alguien con una mente inquisitiva dispuesta a plantear más interrogantes. Es así que uno de los mercaderes presentes, con cierta prisa al ver que el calculista está por irse, le cuestiona: "espere por favor maestro, ¿qué pasaría si el Rey cambia repentinamente de opinión, como ya ha sucedido en el pasado, y ahora decide que deberemos pagar 25 o 30 talentos de oro por cada 100 talentos de oro de ingresos?"

El calculista regresa a su lugar y les explica: "la solución es muy fácil, todo lo que tienen que hacer es repetir para sí mismos el argumento que nos planteamos anteriormente y que se resume en transformar la primera de las fórmulas que encontramos, en la segunda. Tomemos como ejemplo el que tú planteas de un impuesto de 30 T por cada 100 T de ingreso.

El cálculo, de acuerdo con la fórmula original, sería:

$$impuestos = \frac{ingresos}{100\ T} \times 30\ T$$

Si transformamos esta fórmula mediante nuestro sencillo truco en la segunda fórmula, tenemos:

$$impuestos = ingresos \times \frac{30\,T}{100\,T}$$

Lo que nos lleva, finalmente a:

$$impuestos = ingresos \times 0.3$$

Ahora ya se habrán dado cuenta de que no importa cuál sea la cantidad que el Rey Próspero determine que deberán pagar de impuestos por cada 100 talentos de oro de ingresos, esta cantidad siempre aparecerá en nuestra segunda fórmula dividida entre 100 T y así dará origen a un factor adimensional, que en este último caso es 0.3 y es el factor por el que cada uno de ustedes tendría que multiplicar sus ingresos para obtener el monto de sus impuestos a pagar, si el Rey cambiara la tasa impositiva."

"¿Qué significa eso de adimensional?" Pregunta otro de los mercaderes.

"Significa que no tiene una unidad de medida –responde el calculista–. La medida de cualquier cosa que ustedes pueden medir se expresa mediante un valor numérico y una unidad de medida, como 35 T (treinta y cinco talentos de oro), 20 m (veinte metros), 12 h (12 horas), etc. Pero hay cantidades que no están asociadas con una unidad de medida y por esa razón se las llama cantidades adimensionales, como es el caso de nuestro factor para calcular impuestos."

Antes de que los mercaderes le planteen más cuestionamientos, el calculista se anticipa y les dice:

"Vamos a resumir lo que hemos aprendido hasta este momento. Primero, consideremos que los impuestos que establece el Rey Próspero, siempre los expresa como una cierta cantidad de talentos de oro que hay que pagar por cada 100 talentos de oro de ingresos. Vamos a inventar un símbolo para escribir eso de manera compacta. Les propongo esto: supongamos que el impuesto es 25 talentos de oro por cada 100 talentos de oro de ingresos. Podríamos escribir esa cantidad como:

$$25\%$$

Y lo leeremos como 25 por cada cien o, de manera más sucinta, 25 por ciento. ¿Qué les parece?"

Todos los mercaderes estuvieron de acuerdo en que esa era una manera muy eficiente de resumir toda la información referente al hipotético impuesto de 25 talentos de oro por cada 100 talentos de oro de ingresos.

"Muy bien, pero cómo utilizamos esos símbolos para nuestros cálculos de impuestos, que es lo que nos importa". Dijo uno de los mercaderes.

"Muy fácil –dijo el calculista–. De hecho, ya lo hicimos anteriormente, pero recuerden que la cantidad de impuestos por cada 100 T de ingreso, en este caso 25 T, aparece en nuestra segunda fórmula como numerador de una fracción en la que el denominador es 100 T y ese es el factor que multiplica a sus ingresos para calcular los impuestos, así de simple.

Si lo ponemos en símbolos:

$$25\% = \frac{25\,T}{100\,T}$$

Y si hacemos la división del lado derecho de la igualdad, tenemos que:

$$25\% = 0.25$$

Finalmente, si tus ingresos del mes son, por ejemplo, 660 T, entonces los impuestos a pagar son:

$$impuestos\ a\ pagar = 660\ T \times 25\%$$

Es decir:

$$impuestos\ a\ pagar = 660\ T \times 0.25$$

Lo que nos da:

$$impuestos\ a\ pagar = 165\ T$$

¿Les queda claro? Es muy simple, la regla general es que, si el Rey establece que va a cobrarles "x" impuestos por cada 100 T de ingresos, entonces, el factor por el que deben multiplicar sus ingresos para obtener los impuestos es:

Ecuación 1. Definición fundamental del concepto de porcentaje

$$x\% = \frac{x}{100}$$

A la cantidad del lado izquierdo de la igualdad yo la llamo el **factor porcentual** y a la cantidad que resulta de hacer la división en el lado derecho, la llamo el **factor unitario**, porque nos indica cuántos talentos de oro habrán de pagar por cada 1 talento de oro que ingrese a sus arcas.

En el ejemplo anterior, 25% es el factor porcentual, pues nos indica deberán pagar 25 talentos de oro por cada 100 talentos de oro que ingresen a sus arcas, mientras que 0.25 es el factor unitario, pues nos indica que habrán de pagar 0.25 talentos de oro (la cuarta parte de un talento de oro) por cada 1 talento de oro que ingrese a sus arcas. ¿Entendido?"

Todos los presentes parecen conformes, así es que el calculista se retira de la reunión, dejando que los mercaderes realicen sus propios cálculos de impuestos.

Ejercicios del primer capítulo

1. Calcule el 12% de las siguientes cantidades:

    a. $ 100

    b. $ 200

    c. $ 300

2. Calcule los siguientes porcentajes:

    a. El 12% de 100

    b. El 24% de 100

    c. El 36% de 100

3. Calcule los siguientes porcentajes:

    a. El 32% de 120.

    b. El 16% de 240.

    c. El 8% de 480.

    d. El 4% de 960.

4. Si en el problema anterior agregáramos un quinto inciso en el que el porcentaje a calcular es el 2%, ¿sobre qué

cantidad habría que aplicar este porcentaje para que el resultado sea el mismo que en el de todos los demás incisos?

5. En una población en la que se sabe que habitan 36,824 adultos mayores, se sabe también que el 22.3% de ellos es propenso a padecer el síndrome de Alzheimer. ¿Cuántos adultos mayores de esta población están en riesgo de desarrollar esa enfermedad?

6. Los habitantes de un pequeño pueblo retan a un partido de fútbol a los habitantes de otro pueblo. En el primer pueblo hay 275 habitantes y deciden alistarse en el equipo el 4% de ellos; mientras que en el segundo poblado hay 1,100 habitantes, pero sólo el 1% de ellos decide participar en el equipo. ¿Cuál de los dos equipos cuenta con más jugadores?

7. Un agente inmobiliario presenta su propuesta para vender una propiedad industrial valuada en $ 27'350,000. Si la comisión del agente es del 5%, ¿Cuánto dinero espera cobrar el agente por la venta de la propiedad?

8. En el caso planteado en el problema anterior, el agente les asegura a los dueños de la propiedad que destinará un máximo del 12% de lo que espera obtener por la venta de la propiedad a gastos de publicidad y viáticos. ¿Cuánto es la máxima cantidad de dinero que piensa gastar el agente en estos conceptos?

9. Una persona recibirá de su abuela, en herencia, el 35% de toda la superficie de un terreno rural de 120 hectáreas. ¿Qué superficie de terreno va a recibir en herencia esta persona?

10. Dos personas discuten porque piensan que están en desacuerdo: una de ellas asegura que la quinta parte de todos los árboles de un huerto no están dando frutos, la otra dice que no es así, que es el 20% de los árboles los que no dan fruto. ¿Están realmente en desacuerdo?

11. ¿Cuánto es el 0.1% de $ 20'000,000?

12. ¿Cuál de las siguientes dos cantidades es la mayor y por cuánto?

    a. El 0.25% de $ 36'450,000

    b. El 0.36% de $ 28'990,000

13. En el 2021, el Producto Interno Bruto (PIB) de México fue de $ 17'800'000'000,000 (17.8 billones de pesos). Si el país dedica el 1.5% del PIB a la investigación científica y desarrollo tecnológico, ¿cuánto dinero invierte México en un año en investigación científica y desarrollo tecnológico?

14. La etiqueta de una botella de vino tinto Cabernet Sauvignon de 750 ml, asegura que el vino contiene el 12% de alcohol en volumen. ¿Cuántos mililitros de alcohol contiene esa botella de vino?

15. Una empresa fabricante de tornillos asegura que su maquinaria es tan buena, que solamente el 0.05 % de los tornillos que produce salen defectuosos. Si la empresa produce 2,500 tornillos diarios, ¿cuántos de estos se espera que tengan algún defecto?

16. Una micro empresaria que posee una heladería en Cancún, México, asegura que en el 2022 sus ventas

aumentaron un 40% con respecto a las ventas del 2021. Si en el 2021 sus ventas fueron de $ 552,000, ¿cuánto vendió en el 2022?

17. La micro empresaria del problema anterior asegura que del total de sus ingresos, el 66% son sus ganancias.

    a. ¿Cuántas ganancias obtuvo en el 2021?

    b. ¿Cuántas ganancias obtuvo en el 2022?

18. ¿Cuánto es el 12% del 25% de $ 1,000?

19. ¿Cuánto es el 25% del 12% de $ 1,000?

20. ¿Cuánto es el 150% de $ 300?

21. De acuerdo con datos del Observatorio Venezolano de Finanzas, Venezuela cerró el 2022 con una hiper-inflación del 305.7%. ¿Cuánto costaría, al final del 2022, en Venezuela, un artículo que al inicio de ese año costaba 10,000 bolívares?

22. En el 2018, las ventas de todos los libros de la zaga de Harry Potter alcanzaron la cifra de $ 7,700'000,000 de dólares. Si las regalías que le corresponde cobrar a la escritora J. K. Rowling son del 5%, ¿cuánto dinero (usd) ganó J. K. Rowling por la venta de sus libros en el 2018?

23. La inflación acumulada en un año en un país es del 8%. Si el año anterior, el gasto mensual de una persona en artículos la canasta básica era de $ 5,700.00, ¿cuánto es lo que gasta este año?

RAZONES Y PROPORCIONES

En Grienland, un reino cercano a Prosperitania, el rey llamado Grienaldo le tenía mucha envidia a Próspero y sabiendo que éste había establecido un impuesto a sus mercaderes, decidió establecer su propio impuesto. Pero, antes de publicar su edicto, pensó que su regla no podía parecer una copia de la de Próspero y, además, tenía que aparecer ante sus súbditos como un rey más benevolente que Próspero, así que publicó un edicto real que decía:

> "A todos los comerciantes, alfareros, orfebres, carpinteros, herreros y demás artesanos de Grienland, sabed:
>
> Que a partir de la publicación de este Edicto Real y hasta que su majestad el rey Grienaldo disponga otra cosa, todos los habitantes del reino que se dediquen a una de las ocupaciones antes mencionadas, deberán pagar a la corona, mensualmente, 14 talentos de oro por cada 68 talentos de oro que ganen durante el mes correspondiente."

Los mercaderes de Prosperitania, al saber de esta disposición del rey de Grienland, reaccionaron de diferentes maneras:

"El rey Grienaldo es más benevolente que nuestro rey, cobra menos impuestos." Dijo uno.

"¿14 T por cada 68 T de ingresos? ¿Y por qué, por cada 68 y no por cada 100? ¡Qué cosa más extraña!" Dijo otro.

"¿Y cómo van a hacer para calcular sus impuestos con esa regla tan rara?" Dijo un tercero.

Para fortuna de todos, estaba presente el calculista, quien de inmediato intervino.

"Vamos a analizar el asunto de la manera más formal posible". Propuso el calculista.

"Bueno, bueno, pero por principio de cuentas, está claro que el rey Grienaldo es más benevolente que nuestro rey Próspero, ya que su tarifa de impuesto de 14 T es menor que la nuestra, que es de 20 T." Insistió con voz altisonante el primer mercader que tomó la palabra.

"Yo no estaría tan seguro de eso —intervino el calculista—. ¿Ya notaste que esa tarifa de 14 T de impuesto es por cada 68 T de ingreso y no por cada 100 T?"

Ante la réplica del sabio, el mercader se quedó pensando cómo comparar los dos mandatos de impuesto, mientras el calculista iniciaba otra de sus ya acostumbradas alocuciones.

"Les voy a explicar algunas nociones interesantes sobre aritmética, que deben conocer bien para entender cabalmente este asunto de los impuestos o, de manera más general, el asunto de los porcentajes.

Primero, definamos algunas cosas:

Una **razón** entre dos números, es la relación por cociente (o división) entre esos dos números. Así, por ejemplo, la razón entre el número 3 y el número 12 es:

$$\frac{3}{12}$$

De la misma manera, la razón entre 12 y 3, que sería la **razón inversa** de la anterior, es:

$$\frac{12}{3}$$

Como pueden ver, el orden es importante. Y si lo piensan, la razón entre dos números define a otro nuevo número, que es el resultado de la división. Pero aún sin hacer la división, podemos utilizar esos símbolos que hemos escrito para identificar al nuevo número en cuestión.

En los dos ejemplos anteriores:

$$\frac{3}{12} = 0.25$$

Y:

$$\frac{12}{3} = 4$$

Esto significa que 3/12 (léase tres doceavos) es otro nombre para el número que en expansión decimal conocemos como 0.25 y 12/3 (léase doce tercios) es otra representación para el número 4.

Una pregunta interesante que podríamos hacernos aquí es: ¿existen más representaciones posibles para esos números o son las únicas?

La respuesta es que para cualquier número existen una infinidad de representaciones diferentes. Tomemos, por ejemplo, la primera razón y multipliquémosla por el número 1. ¿Qué le sucede a cualquier número cuando lo multiplicamos por 1?" El calculista lanza la pregunta abierta a todos los concurrentes.

"Pues no le pasa nada, sigue teniendo el mismo valor." Dice con mucha seguridad uno de los mercaderes.

"¡Exacto! –exclama satisfecho el calculista–. Vamos a multiplicar nuestra razón por un 1, pero de manera inteligente: vamos a disfrazar también el 1 como una razón. Sabemos que todo número dividido entre sí mismo da como resultado 1. Entonces, podemos escribir el 1 en cualquiera de estas formas, entre muchas otras:

$$1 = \frac{0.5}{0.5} = \frac{\left(\frac{1}{3}\right)}{\left(\frac{1}{3}\right)} = \frac{2}{2} = \frac{3}{3} = \frac{4}{4} = \frac{5}{5} = \frac{7.5}{7.5} = \cdots$$

Tomemos cualquiera de esas representaciones del número 1, por ejemplo, 2/2 y multipliquémosla por la razón tres doceavos, así:

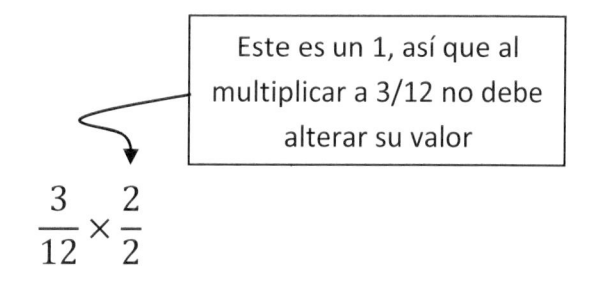

$$\frac{3}{12} \times \frac{2}{2}$$

Este es un 1, así que al multiplicar a 3/12 no debe alterar su valor

Recordemos que la multiplicación de razones, números racionales o quebrados, como los conocen en otros ámbitos, se hace multiplicando numerador por numerador y denominador por denominador, así que:

$$\frac{3}{12} \times \frac{2}{2} = \frac{3 \times 2}{12 \times 2} = \frac{6}{24}$$

Ahora bien, sabemos que el factor 2/2, en realidad es un 1, de manera que el valor de nuestra razón original no se alteró, esto quiere decir que:

$$\frac{3}{12} = \frac{6}{24}$$

Tomemos la siguiente representación del 1 y hagamos lo mismo:

$$\frac{3}{12} \times \frac{3}{3} = \frac{9}{36}$$

Entonces, también tenemos que:

$$\frac{3}{12} = \frac{9}{36}$$

Tomemos ahora la razón de 1/3 entre 1/3 y hagamos la misma operación:

$$\frac{3}{12} \times \frac{\frac{1}{3}}{\frac{1}{3}} = \frac{3 \times \frac{1}{3}}{12 \times \frac{1}{3}} = \frac{1}{4}$$

En ese momento, uno de los mercaderes interrumpe con cierta ansiedad:

"Espere un momento por favor, maestro calculista, ¿cómo hizo las operaciones de multiplicación en este ejemplo?"

El calculista, sabiendo que muchos de los ahí presentes habían estudiado estas operaciones aritméticas hace muchos años, en su infancia, se armó de paciencia y les explicó.

"Recuerden que la multiplicación de fracciones, números racionales, quebrados, o razones, como las llamamos nosotros, se hace multiplicando numerador por numerador y denominador por denominador…"

"Sí, pero en este caso, el 3 y el 12, que multiplican a un tercio, no tienen denominador" Le interrumpe de nuevo el mercader.

"De hecho, sí lo tienen —asegura el calculista—. Recuerden que todo número dividido entre 1, es el mismo número. Así que, cualquier número lo podemos escribir con denominador 1. Es decir que, en estos dos casos:

$$3 = \frac{3}{1}$$

Y:

$$12 = \frac{12}{1}$$

Siguiendo esta regla, está muy claro cómo se hacen las operaciones anteriores. En el numerador tenemos:

$$3 \times \frac{1}{3} = \frac{3}{1} \times \frac{1}{3} = \frac{3 \times 1}{1 \times 3} = \frac{3}{3} = 1$$

Y en el denominador:

$$12 \times \frac{1}{3} = \frac{12}{1} \times \frac{1}{3} = \frac{12 \times 1}{1 \times 3} = \frac{12}{3} = 4$$

¿Ahora les queda claro? De hecho, si se dan cuenta, multiplicar por un tercio, equivale a dividir entre tres. Y de la misma manera, multiplicar por 1/4 equivale a dividir entre 4, multiplicar por 1/25 equivale a dividir entre 25 y así sucesivamente"

Todos los asistentes asienten satisfechos y el calculista continúa con su disertación.

"Entonces, con todos los cálculos que hemos hecho, podemos concluir que:

$$\frac{1}{4} = \frac{3}{12} = \frac{6}{24} = \frac{9}{36}$$

Y así, multiplicando por cualquier "otro 1" disfrazado de algún número arbitrario dividido entre sí mismo, podríamos continuar generando indefinidamente más y más representaciones para un mismo número.

Y, por cierto, a la igualdad de dos o más razones la llamaremos una **proporción.** Es decir, la múltiple igualdad anterior es un ejemplo de una proporción."

"¿Y de qué nos sirve tener tantas representaciones para un mismo número?" Pregunta con un poco de impaciencia uno de los mercaderes más jóvenes.

"Muy bien –replica con aplomo el calculista–. ¿Recuerdan nuestra definición del factor porcentual y del factor unitario? Pues, en realidad, lo que estábamos haciendo era establecer una proporción:

$$\frac{30}{100} = \frac{0.3}{1}$$

Sólo que, cuando el denominador es 1 usualmente no lo escribimos porque, como ya dijimos, al dividir cualquier número entre 1 el resultado es el mismo número.

¿Y por qué nos interesa en particular esta proporción?, se estarán preguntando. Bueno, regresemos a nuestro problema original, que es decidir si la propuesta de impuesto del rey Grienaldo es más benevolente o no, que la de nuestro rey Próspero.

Pues bien, recordemos que la tarifa de impuesto de nuestro rey Próspero es de 20 T de impuesto por cada 100 T de ingreso o, como ya lo hemos definido, el 20%. Si expresamos esta tarifa en la forma de un factor unitario, es decir:

$$20\% = \frac{20\,T}{100\,T} = \frac{0.2\,T}{1\,T} = 0.2$$

Lo que nos dice esta proporción es que un impuesto de 20 talentos de oro, por cada 100 talentos de oro de ingresos, es completamente equivalente a un impuesto de 0.2 talentos de oro por cada 1 talento de oro de ingresos.

Ahora, hagamos lo mismo con el impuesto del rey Grienaldo. Recordemos que su tarifa de impuesto es 14 T por cada 68 T de ingreso. Entonces, tenemos que convertir la razón de 14/68 en una razón en la que el denominador sea 1. Y, claramente, todo lo que hay que hacer es realizar la división de 14 T entre 68 T:

$$\frac{14\ T}{68\ T} = \frac{0.205882353\ T}{1\ T}$$

Si redondeamos el resultado a 4 cifras decimales, tenemos que:

$$\frac{14\ T}{68\ T} = \frac{0.2059\ T}{1\ T} = 0.2059$$

Lo que significa este resultado, es que la tarifa de impuesto de 14 talentos de oro por cada 68 T de ingreso, es equivalente a la tarifa de 0.2059 talentos de oro por cada 1 talento de oro de ingreso.

Ahora estamos en condiciones de responder a la pregunta inicial: ¿Es más benevolente el rey Grienaldo que nuestro rey Próspero? Y la respuesta la obtenemos comparando los factores unitarios de impuestos:

$$Tarifa\ unitaria\ de\ impuesto\ del\ rey\ Próspero\ =\ 0.2$$

$$Tarifa\ unitaria\ de\ impuesto\ del\ rey\ Grienaldo\ =\ 0.2059$$

¿Quién cobra un impuesto más alto? Claramente, Grienaldo es el rey que cobra un impuesto más alto.

Ahora podemos plantearnos una cuestión interesante: ¿Cómo expresar la tarifa de impuesto de Grienaldo en forma de porcentaje?

La respuesta es muy simple, a partir de esta tarifa unitaria, podemos crear otra proporción en la que la segunda razón tenga denominador 100 y esto se logra, de nuevo, multiplicando nuestra tarifa unitaria por un 1 disfrazado de 100 entre 100, así:

$$\frac{0.2059\,T}{1\,T} = \frac{0.2059\,T}{1\,T} \times \frac{100}{100} = \frac{20.59}{100}$$

Y puesto en los símbolos que hemos inventado, finalmente podemos decir que la tarifa impositiva porcentual del rey Grienaldo es:

$$Tarifa\ porcentual\ de\ impuestos\ de\ Grienaldo = 20.59\%$$

Lo cual, ya sabemos, significa 20.59 talentos de oro de impuestos por cada 100 talentos de oro de ingresos. Ahora, para quien aún no tenga claro quién es el rey que cobra menos impuestos, podemos comparar las tarifas porcentuales:

$$Tarifa\ porcentual\ de\ impuesto\ del\ rey\ Próspero = 20\,\%$$

vs.

$$Tarifa\ porcentual\ de\ impuesto\ del\ rey\ Grienaldo = 20.59\%$$

Además, el rey Grienaldo cobrará impuestos a muchas otras personas y no sólo a los mercaderes, lo que seguramente le significará una recaudación mucho mayor de impuestos."

Hasta aquí la breve historia del rey Grienaldo y su mañosa manera de establecer una tarifa de impuestos para confundir a sus súbditos. Ahora, vamos a repasar algunos de los conceptos importantes de este capítulo.

Primero, está claro que podemos calcular partes o porciones (no proporciones) específicas de una cantidad mediante la multiplicación de esa cantidad por algún factor que generalmente es expresado como una razón.

Una de esas razones (la más usual) es la que nos dice cuántos (pesos, zapatos, personas, etc.) por cada 100 y la llamamos porcentaje e, incluso, hemos inventado un símbolo especial para representar esta razón en particular. De tal manera que, por ejemplo, si queremos decir 32 por cada 100, podemos expresarlo mediante la razón:

$$\frac{32}{100}$$

O bien, por el símbolo:

$$32\%$$

Que matemáticamente significa exactamente lo mismo, pero se lee 32 porciento. Y a este factor le llamamos factor porcentual.

De este factor porcentual, obtenemos el factor unitario, el que nos indica cuántos (pesos, zapatos, personas, etc.) por cada 1, en lugar de por cada 100. ¿Y cómo lo obtenemos? Simplemente realizando la división indicada en el factor porcentual, es decir, realizar la división entre 100. Que en este caso nos da:

$$\frac{32}{100} = 0.32$$

Como veremos en los capítulos subsecuentes de esta monografía, el factor unitario es mucho más útil para realizar toda clase de cálculos y establecer fórmulas, que el factor expresado en su forma porcentual, por lo que preferiremos casi siempre el uso del factor unitario y, de hecho, así lo haremos en los capítulos subsecuentes, a menos que se indique lo contrario.

En conclusión, podemos decir que:

$$32\% = \frac{32}{100} = \frac{0.32}{1} = 0.32$$

En lo subsecuente, cuando nos refiramos a un factor porcentual, por ejemplo, una tasa de descuento, la denotaremos con minúsculas y el signo porcentual antecediéndole: %d.

Si, por el contrario, la tasa referida es la unitaria, la denotaremos con el mismo símbolo, pero sin el signo de porcentaje, así: d.

Otra consideración importante es que, tanto el factor porcentual, como el factor unitario, por su origen, son cantidades adimensionales, esto es, no tienen unidad de medida y cuando multiplican a una magnitud con unidad de medida, el resultado tiene las mismas unidades de medida que dicha magnitud. Veamos un ejemplo de esto último.

Ejemplo 1

Un diario de una localidad del sur de México asegura que, de acuerdo con un estudio de los servicios de salud pública del Estado al que pertenece la localidad, el 18.62% de los habitantes padecen alguna enfermedad gastro-intestinal. Si sabemos que en la localidad hay 3,480 habitantes, ¿Cuántos de ellos padecen una enfermedad gastro-intestinal?

Respuesta.

Primero, debemos recordar que:

$$18.62\% = \frac{18.62}{100} = 0.1862$$

Llamémosle NE al número de personas que padecen alguna enfermedad gastro-intestinal, es decir, la cantidad que deseamos calcular.

Procederemos a realizar el cálculo utilizando los dos factores, el porcentual y el unitario.

Primero con el factor porcentual:

$$NE = 3{,}480 \; personas \times 18.62\%$$

$$= 3{,}480 \; personas \times \left(\frac{18.62}{100}\right)$$

$$= 3{,}480 \; personas \times 0.1862$$

$$= 647.976 \; personas$$

Redondeando a enteros:

$$NE = 648 \; personas$$

Ahora, con el factor unitario:

$$NE = 3{,}480 \; personas \times 0.1862$$

$$= 647.976 \; personas$$

Redondeando:

$$NE = 648 \; personas$$

Como era de esperarse, con ambos procedimientos de cálculo obtuvimos el mismo resultado y su unidad de medida es la misma que la de la cantidad original.

Pero también podemos ver que en la segunda solución nos hemos ahorrado un paso, utilizando el factor unitario en lugar del factor porcentual.

Pero antes de ir al detalle del por qué nos ahorramos un paso, regresemos al resultado. Claramente no puede haber 647.976 personas enfermas. En todo caso, serían 647 o 648. ¿Cuál es la respuesta correcta? Y, ¿por qué no obtuvimos un número entero por respuesta? Lo cual sería adecuado, porque las personas no existen "fraccionadamente".

Pues bien, en la mayoría de los casos en los que calculemos porcentajes, tendremos que hacer redondeos, debido a que estamos trabajando con números racionales o quebrados y muchos de ellos tienen una expansión decimal infinita, como es el caso, por ejemplo, del número 1/3:

$$\frac{1}{3} = 0.3333333333\ldots$$

Y cuando hacemos cálculos utilizando la representación decimal de este número, forzosamente tenemos que utilizar un número finito de decimales, ya que no es posible introducir una secuencia infinita de decimales en una calculadora. Esto induce resultados que en expansión decimal son una aproximación al resultado exacto. Por ejemplo, si hacemos la multiplicación de 9 por 1/3 con quebrados, obtenemos:

$$9 \times \frac{1}{3} = \frac{9}{3} = 3$$

Que es el resultado exacto. En cambio, si utilizamos la expansión decimal de 1/3 y realizamos el cálculo mediante una calculadora de bolsillo de 8 dígitos, la operación se convierte en:

$$9 \times 0.3333333 = 2.9999997$$

Así es que, no nos queda otra opción más que redondear. ¿Y cómo se redondea una cifra? Visita el Apéndice A, en la parte final de este libro.

Ahora sí, regresemos al Ejemplo 1, en el que calculamos por dos procedimientos, aparentemente distintos, el 18.62% de una cantidad de personas.

Si observamos cuidadosamente, los dos procedimientos son lo mismo, sólo que en el segundo ya hemos realizado la división entre 100 para obtener el factor unitario. Entonces, ¿en dónde está el ahorro de un paso? Bueno, el ahorro en realidad proviene del hecho de que, para dividir entre 100 cualquier cantidad, basta con recorrer el punto decimal dos cifras a la izquierda, así es que la división es una operación que puede hacerse mentalmente con mucha facilidad. He aquí algunos ejemplos:

$$12{,}345\% = \frac{12{,}345}{100} = 123.45 \qquad 86\% = \frac{86}{100} = 0.86$$

$$10.4\% = \frac{10.4}{100} = 0.104 \qquad 5.67\% = \frac{5.67}{100} = 0.0567$$

$$0.37825\% = \frac{0.3782}{100} = 0.003782 \qquad 0.002\% = \frac{0.002}{100} = 0.00002$$

Y, finalmente, aprendimos del rey Grienaldo, que la expresión de "tantos por cada cien", aunque es la más usada, no es la única posible para indicar que queremos obtener una porción de un todo. En todo caso, ya vimos que la extraña manera de definir esa porción del todo, por parte del rey Grienaldo, siempre puede convertirse fácilmente en un porcentaje o, mejor aún, en un coeficiente unitario.

Al final de cuentas, todo es un asunto de razones y proporciones…

Ejercicios del segundo capítulo

1. Diga cuales de las siguientes proporciones son correctas:

   a. $\dfrac{27}{45} = \dfrac{81}{105}$ d. $\dfrac{13}{39} = \dfrac{1}{3}$ g. $\dfrac{1}{4} = \dfrac{0.25}{1}$

   b. $\dfrac{300}{1200} = \dfrac{1}{4}$ e. $\dfrac{23}{12} = \dfrac{69}{48}$ h. $\dfrac{8}{8} = \dfrac{1}{1}$

   c. $\dfrac{11}{15} = \dfrac{121}{165}$ f. $\dfrac{7}{8} = \dfrac{49}{55}$ i. $\dfrac{1.3}{14} = \dfrac{160}{280}$

2. En cada uno de los siguientes casos siguientes, encuentre el número por el que se multiplicaron tanto el numerador, como el denominador de las fracciones del lado izquierdo, para generar la fracción o razón equivalente (la del lado derecho):

   a. $\dfrac{14}{15} = \dfrac{42}{45}$ d. $\dfrac{347}{347} = \dfrac{1}{1}$ g. $\dfrac{0.125}{1} = \dfrac{1}{8}$

   b. $\dfrac{-8}{34} = \dfrac{16}{-64}$ e. $\dfrac{\sqrt{3}}{3} = \dfrac{1}{\sqrt{3}}$ h. $\dfrac{-5.7}{-5.7} = \dfrac{104}{104}$

   c. $\dfrac{3.25}{4.8} = \dfrac{13}{19.2}$ f. $\dfrac{1}{3} = \dfrac{3}{9}$ i. $\dfrac{88}{880} = \dfrac{1}{10}$

3. Encuentre el numerador o denominador que falta (marcado con una x):

   a. $\dfrac{3}{2} = \dfrac{45}{x}$

   b. $\dfrac{12}{25} = \dfrac{x}{125}$

   c. $\dfrac{1.4}{4.8} = \dfrac{x}{48}$

   d. $\dfrac{347}{347} = \dfrac{113}{x}$

   e. $\dfrac{-4}{13} = \dfrac{-20}{x}$

   f. $\dfrac{12}{2} = \dfrac{x}{1}$

   g. $\dfrac{0.87}{1} = \dfrac{x}{100}$

   h. $\dfrac{121}{11} = \dfrac{11}{x}$

   i. $\dfrac{\sqrt{2}}{\sqrt{32}} = \dfrac{8}{x}$

4. Para atraer compradores, una tienda en línea que acaba de abrir ofrece una bonificación de $ 13 pesos por cada $ 260 pesos de compra. Si interpretamos esa oferta como un descuento, ¿qué porcentaje de descuento ofrece la tienda?

5. Un reporte de un inspector escolar indica que 17 de cada 140 estudiantes de una zona escolar presentan serias deficiencias de aprendizaje en las operaciones aritméticas básicas. ¿Qué porcentaje de los estudiantes de esa zona escolar presentan ese déficit?

6. El propietario de una huerta de cocos tomó una muestra aleatoria de sus frutos y encontró que 7 de los 148 cocos que componían la muestra, resultaron afectados por una plaga. Si el propietario estima que su producción de esta temporada será de 36,800 cocos, ¿cuántos espera que estén afectados por la plaga? ¿Cuál es el porcentaje de cocos afectados?

7. En una mina de plata, los geólogos encontraron un nuevo banco de explotación y tomaron 368 toneladas métricas[1]

---

[1] Una tonelada métrica equivale a 1,000 Kg

de muestras representativas, que contenían un total de 126.96 Kg de plata. Si se estima que el banco de explotación contiene alrededor de 1'200,000 toneladas métricas de material, ¿cuánta plata esperan obtener de ese banco de explotación? ¿Qué porcentaje de plata contiene la tierra de ese banco?

8. Cuatro de cada cinco personas en una aldea de 680 habitantes, son omnívoros, el resto son vegetarianos.

    a. ¿Qué porcentaje de la población son vegetarianos?

    b. ¿Qué porcentaje de la población son omnívoros?

    c. ¿Cuántos vegetarianos hay en esa aldea?

    d. ¿Cuántos omnívoros hay?

9. Una persona invitó a comer a algunos de sus amigos. Cocinó una pizza y decidió partirla en 8 partes iguales. ¿Qué porcentaje de la pizza es cada rebanada? Si uno de los comensales comió tres rebanadas, ¿qué porcentaje de la pizza se comió? Si la pizza pesaba 1,280 g, ¿Cuántos gramos de pizza consumió el que comió tres rebanadas?

10. En la planta de producción de una empresa farmacéutica, una falla de servomotores provocó algunos defectos en un lote de medicamentos. Después de tomar una muestra aleatoria, pero representativa, de 360 unidades del producto, la ingeniera industrial Janette G. K., jefa del laboratorio de control de calidad, reportó que encontró que sólo 18 de ellos presentaban el defecto.

    a. ¿Qué porcentaje del lote está defectuoso?

b. Si el tamaño del lote es de 10,000 unidades, ¿cuántas de esas unidades se espera que tengan defecto?

c. Si el límite de tolerancia a los defectos en esa fábrica es del 0.28%, ¿Cuántos productos defectuosos esperaría encontrar la jefa de control de calidad en condiciones normales de operación, es decir sin fallas en los servomotores?

DE COMPRAS EN LA TIENDA DEPARTAMENTAL

Ivonne y Liliana son dos mujeres a las que les encanta aprovechar las ofertas de fin de temporada de las tiendas departamentales.

Al entrar a su tienda favorita, ven el siguiente letrero.

> ¡Hasta el 31 de enero, por fin de temporada!
>
> **30% +**
>
> **25% +**
>
> **10%**
>
> Sólo en prendas con etiqueta roja.
> Se aplican restricciones

"¡Ve nada más, qué súper descuento! —Le dice Ivonne a Liliana, sin poder ocultar su desbordado entusiasmo—. ¿Ya viste? En las prendas marcadas con etiqueta roja, el descuento es del 65%, de manera que sólo pagaríamos el 35% del precio normal."

"No estoy de acuerdo —replica Liliana de inmediato—. Ivonne, tienes que tener en cuenta que esos letreros siempre tienen algo de maña. El precio final a pagar sería, mmm... déjame ver —Liliana, que es contadora, utiliza la calculadora de su móvil y, al final, dice con un aire de autoridad—, el 47.25% del precio original. Eso significa que el descuento total acumulado es del 52.75%, no del 65%. Aún así, debo reconocer que es un muy buen descuento".

¿Quién de las dos tiene la razón?

A primera vista, parece que Ivonne tiene razón, porque nuestro cerebro tiende a resolver de acuerdo con el modelo más simple posible. Y aquí, la interpretación más simple es la que indica que los descuentos se deben sumar (¡así lo indica el anuncio!):

$$30\% + 25\% + 10\% = 65\%$$

¡65% de descuento! De manera que el precio a pagar sería el 35% restante, como afirma Ivonne, ¿cierto?

Eso sería una posible y muy válida interpretación directa y llana de lo que anuncia el cartel de descuentos pero, en la realidad, sabemos que la publicidad suele ser un tanto mañosa y la regla bajo la que se acumulan estos descuentos, generalmente es la que vamos a analizar enseguida.

Resolvamos este caso particular para encontrar el argumento que utilizó Liliana y que es la interpretación que generalmente aplican las tiendas departamentales y supermercados en el caso de lo que en lo sucesivo llamaremos "descuentos escalonados" y, posteriormente, plantearemos una solución general al problema de los descuentos sobre descuentos.

Para facilitarnos el entendimiento de las ideas, propongamos la compra de una prenda, digamos un vestido, debidamente marcado con su etiqueta roja y cuyo precio normal es de $ 1,000. Y podemos hacernos las siguientes preguntas: ¿Cuál es el precio final a pagar por el vestido, después de aplicar los descuentos anunciados por la tienda? ¿Cuál es el descuento acumulado total?

Le llamaremos P_0 al precio normal (sin descuento), $\%d_1$ a la primera tasa porcentual de descuento y D_1 al primer descuento. Entonces, según esta nomenclatura que acabamos de definir:

$$P_0 = \$1{,}000 \quad y \quad \%d_1 = 30\%$$

Calculemos el monto en pesos del primer descuento D_1, para lo cual, sabemos que basta con multiplicar el precio normal P_0 por la primera tasa porcentual de descuento $\%d_1$:

$$D_1 = \%d_1 * P_0$$
$$= 30\% \times \$\,1{,}000$$
$$= \frac{30}{100} \times \$\,1{,}000$$
$$= 0.3 \times \$\,1{,}000$$
$$= \$300$$

Ahora, podemos obtener el primer precio con descuento, al que llamaremos P_1, para lo cual, basta con restar del precio normal P_0, el monto del primer descuento D_1, así:

$$P_1 = P_0 - D_1$$
$$= \$\,1{,}000 - \$\,300$$
$$= \$\,700$$

Ya tenemos el precio $P_1 = \$\,700$, que se obtiene después de aplicar la primera tasa de descuento al precio original. Ahora, la segunda tasa de descuento $\%d_2$ aplicará sobre este precio P_1, para calcular el monto D_2 del segundo descuento:

$$D_2 = P_1 * \%d_2$$
$$= \$\,700 \times 25\%$$
$$= \$\,700 \times \frac{25}{100}$$

$$= \$\,700 \times 0.25$$

$$= \$175$$

Ahora podemos obtener el precio P_2, descontando del precio P_1, el monto del descuento D_2:

$$P_2 = P_1 - D_2$$

$$= \$\,700 - \$\,175$$

$$= \$\,525$$

De la misma manera, podemos calcular el tercer monto de descuento D_3, aplicando la tasa porcentual de descuento $\%d_3$ sobre el precio P_2 que acabamos de determinar:

$$D_3 = P_2 * \%d_3$$

$$= \$\,525 \times 10\%$$

$$= \$\,525 \times \frac{10}{100}$$

$$= \$\,525 \times 0.1$$

$$= \$\,52.50$$

Y, finalmente, podemos calcular el tercer precio P_3, que es ya el precio a pagar por el vestido, descontando para ello el monto D_3, del tercer descuento, del precio P_2:

$$P_3 = P_2 - D_3$$

$$= \$\,525 - \$\,52.50$$

$$= \$\,472.50$$

Que es, precisamente el precio que habría calculado Liliana.

¿En dónde está el truco? El truco está en que los sucesivos porcentajes de descuento aplican sobre cantidades diferentes. Es decir, el primer descuento se aplica sobre el precio normal de venta (P_0), dando origen a un primer precio con descuento (P_1); el segundo descuento ya no se aplica sobre el precio original P_0, sino sobre el nuevo precio P_1, dando origen a un segundo precio con descuento (P_2), sobre el que aplicará el tercer porcentaje de descuento, dando origen al precio final (P_3).

Ahora bien, si tomamos el monto de todos los descuentos acumulados y los referimos al precio original P_0, obtendremos el porcentaje de descuento total:

$$\% \ de \ descuento \ total = \frac{Descuento \ total \ acumulado}{Precio \ original} \times 100\%$$

Esto es:

$$\% \ de \ descuento \ total = \frac{D_1 + D_2 + D_3}{\$\ 1,000} \times 100\%$$

$$\% \ de \ descuento \ total = \frac{\$\ 300 + \$\ 175 + \$\ 52.50}{\$\ 1,000} \times 100\%$$

$$= \frac{\$\ 527.50}{\$\ 1,000} \times 100\%$$

$$= 52.75\%$$

Es muy importante notar que, cuando se trata de descuentos sucesivos o "escalonados", para obtener el descuento total acumulado sí podemos sumar los montos de los descuentos (en pesos); pero, por el contrario, no podemos sumar directamente las tasas porcentuales para obtener el porcentaje de descuento total. Esto lo podemos verificar fácilmente:

$$Suma\ directa\ de\ tasas\ de\ descuento = 30\% + 25\% + 10\%$$
$$= 65\%$$

Lo cual, claramente no coincide con la tasa de descuento acumulado real que, como ya vimos, es del 52.75%.

Ahora, vamos a resolver de manera general este problema de los descuentos sobre descuentos. Para ello, haremos un poco de álgebra y utilizaremos preferentemente tasas de descuento unitarias, en lugar de las tasas de descuento porcentuales pues, como ya hemos podido constatar en varios ejemplos, al final siempre terminamos convirtiendo las tasas porcentuales en unitarias para efectos de cálculo.

Recordemos, por otra parte, que en la notación algebraica cuando queremos indicar el producto de dos cantidades representadas por literales, basta con escribirlas juntas. Por ejemplo, el producto de los números representados por las letras a y b, se escribe simplemente ab.

Además, adoptaremos la misma nomenclatura que ya utilizamos en el problema de los descuentos de Liliana e Ivonne. Esto es:

P_0, es el precio normal, sin descuento.

D_1, es el monto primer descuento.

d_1, la primera tasa (unitaria) de descuento aplicable.

P_1, el precio después de aplicar del primer descuento.

D_2, el monto del segundo descuento.

d_2, la segunda tasa (unitaria) de descuento aplicable.

P_2, el precio después de aplicar del segundo descuento.

D_3, el monto del tercer descuento.

d_3, la tercera tasa (unitaria) de descuento aplicable.

P_3, el precio después de aplicar del tercer descuento.

Entonces, como lo hicimos en el caso particular del problema de los descuentos de Ivonne y Liliana, el monto D_1 del primer descuento está dado por:

$$D_1 = P_0 d_1$$

Y el precio P_1 se obtiene restando del precio original P_0, el primer descuento D_1:

$$P_1 = P_0 - D_1$$

Sustituyendo el valor de D_1, tal como está expresado en la primera ecuación, en la segunda, obtenemos:

$$P_1 = P_0 - P_0 d_1$$

Todavía podemos factorizar, para obtener la expresión final para P_1:

Ecuación 2. Fórmula para el cálculo del precio con descuento de un artículo que tiene una tasa de descuento unitario d_1

$$P_1 = P_0(1 - d_1)$$

Antes de continuar, notemos un asunto interesante. El precio P_1, después de aplicar el descuento, lo podemos obtener multiplicando el precio original P_0, por un solo factor $(1 - d_1)$, que se obtiene de restar a 1 la tasa unitaria de descuento d_1. En el caso anterior, por ejemplo:

$$d_1 = 0.3$$

Y el factor $1 - d_1$ adquiere el valor:

$$1 - d_1 = 1 - 0.3 = 0.7$$

Así que el precio P_1 que obtuvimos al aplicar la primera tasa de descuento, se puede obtener de manera más eficiente:

$$P_1 = \$\,1{,}000 \times 0.7 = \$\,700$$

Pero, regresemos a nuestro análisis del caso general. Ahora, sabemos que para obtener el monto del segundo descuento D_2, debemos aplicar la segunda tasa unitaria de descuento d_2 al precio P_1. Esto es:

$$D_2 = P_1 d_2$$

Y el nuevo precio P_2, lo obtenemos restando del precio P_1, el monto D_2 del segundo descuento que acabamos de obtener:

$$P_2 = P_1 - D_2$$

Y, de nuevo, sustituimos el valor del monto del descuento D_2, dado por la ecuación anterior, en ésta última:

$$P_2 = P_1 - P_1 d_2$$

Y, de nuevo, podemos factorizar:

$$P_2 = P_1(1 - d_2)$$

Podemos ver la aparición de un patrón. De hecho, la fórmula es la misma que la que obtuvimos para P_1, pero con otros índices.

Ahora, haremos algo más interesante. Sustituiremos, en esta última fórmula, el valor de P_1 que obtuvimos antes, para obtener:

$$P_2 = P_0(1 - d_1)(1 - d_2)$$

El patrón ya se ve más claro y la fórmula que acabamos de obtener nos permite obtener muy eficientemente el precio P_2 que se obtiene después de aplicar los primeros dos descuentos. Todo lo que tenemos que hacer es obtener los factores $(1 - d_1)$ y $(1 - d_2)$, y multiplicarlos por el precio original P_0. En el caso del problema de descuentos de Liliana e Ivonne, tenemos que:

$$P_2 = \$\,1{,}000(1 - 0.3)(1 - 0.25)$$

$$= \$\,1{,}000 \times 0.7 \times 0.75 = \$\,525$$

Resultado que es consistente con el que ya habíamos obtenido siguiendo la ruta larga.

Pero regresemos a nuestro análisis del caso general para obtener la solución final, que ya es fácil predecir, pues el patrón es ya muy evidente. Aún así, procederemos con toda formalidad.

Sabemos que el monto del tercer descuento D_3 se obtiene aplicando la tercera tasa unitaria de descuento d_3, pero ahora sobre el precio P_2:

$$D_3 = P_2 d_3$$

Y, como ya lo hemos hecho antes, el precio final P_3, se obtiene restando al precio P_2, el monto del descuento D_3:

$$P_3 = P_2 - D_3$$

De nuevo, sustituimos el valor de D_3, de la fórmula anterior en esta última, para obtener:

$$P_3 = P_2 - P_2 d_3$$

Y factorizamos:

$$P_3 = P_2(1 - d_3)$$

De nuevo, podemos sustituir el valor que obtuvimos para P₂ (en la última fórmula de P₂), para obtener, finalmente:

Ecuación 3. Fórmula para el cálculo del precio final que se obtiene al aplicar tres descuentos escalonados con tasas de descuento unitarias d₁, d₂ y d₃.

$$P_3 = P_0(1 - d_1)(1 - d_2)(1 - d_3)$$

Con esta bonita fórmula y sabiendo que, en el problema de los descuentos de Ivonne y Liliana:

$$d_1 = 0.3 \quad \rightarrow \quad 1 - d_1 = 0.7$$

$$d_2 = 0.25 \quad \rightarrow \quad 1 - d_1 = 0.75$$

$$d_3 = 0.1 \quad \rightarrow \quad 1 - d_1 = 0.9$$

Podemos calcular en un solo paso el precio final a pagar, que fue lo que hizo Liliana:

$$P_3 = \$\, 1{,}000 \times 0.7 \times 0.75 \times 0.9$$

$$= \$\, 1{,}000 \times 0.4725$$

$$= \$\, 472.50$$

Asombroso, ¿no? Pues bien, está claro que si hubiera más descuentos escalonados, la fórmula sería "de la misma forma", pero tendría más factores del tipo (1 − d_i), cada uno de los cuales, derivaría de cada uno de los sucesivos descuentos aplicables.

Una propiedad importante que se deduce de nuestra Ecuación 3, es el hecho de que no importa el orden en el que se apliquen los descuentos. Recordemos que el orden de los factores no altera el producto, de manera que no importa en qué orden multipliquemos los factores del tipo (1 – d_i) en la Ecuación 3, el resultado será el mismo.

Esto puede resultar un poco contra-intuitivo, pero es correcto.

Sólo veamos un ejemplo para verificar. Hagamos el cálculo del precio final P₃, cambiando el orden de los factores, así:

$$P_3 = P_0(1 - d_3)(1 - d_2)(1 - d_1)$$

$$= \$\,1{,}000(1 - 0.1)(1 - 0.25)(1 - 0.3)$$

Esto es:

$$P_3 = \$\,1{,}000 \times 0.9 \times 0.75 \times 0.7$$

$$= \$\,472.50$$

Eso quiere decir que el anuncio de los descuentos podría haber sido este:

¡Hasta el 31 de enero, por fin de temporada!

10% +

25% +

30%

Sólo en prendas con etiqueta roja.
Se aplican restricciones

¡Y daría el mismo descuento final! Pero, sin duda, es mucho más atractivo el primer anuncio, pues pone en primer lugar y en números más grandes la tasa de descuento más alta, así es que ningún publicista con sentido común pondría este anuncio en lugar del primero.

Ahora que ya sabemos que la tasa (porcentual o unitaria) de descuento total (o descuento neto) **no** es el resultado de sumar las tasas de descuento individuales, podemos plantearnos el reto de encontrar una fórmula para determinar la tasa de descuento total o descuento neto a partir de conocer las tasas de descuento parciales.

Pues bien, la tarea no es difícil, si sabemos que el monto total del descuento puede calcularse como la suma de los montos de los descuentos parciales (que no de las tasas). Pero mejor aún: tenemos una fórmula para el precio final P_3 y, por lo tanto, podemos calcular rápidamente el monto del descuento total D_T (o descuento neto), restando del precio original P_0, el precio final P_3, así:

$$D_T = P_0 - P_3$$

Si sustituimos el precio P_3, por su valor expresado en la Ecuación 3, obtenemos:

$$D_T = P_0 - P_0(1 - d_1)(1 - d_2)(1 - d_3)$$

Y, como siempre, podemos factorizar. En este caso, el factor común de nuevo es P_0, así obtenemos:

Ecuación 4. Descuento total o descuento neto, obtenido al aplicar tres descuentos sucesivos con tasas unitarias de descuento d_1, d_2 y d_3, respectivamente.

$$D_T = P_0[1 - (1 - d_1)(1 - d_2)(1 - d_3)]$$

Y la tasa unitaria de descuento total d_T, la obtenemos dividiendo el monto total de descuento D_T, entre el precio original P_0:

$$d_T = \frac{D_T}{P_0}$$

Sustituyendo el valor de D_T que obtuvimos en la ecuación anterior, obtenemos:

$$d_T = \frac{P_0[1 - (1 - d_1)(1 - d_2)(1 - d_3)]}{P_0}$$

El factor común P_0 en el numerador y el denominador se cancela, para obtener finalmente:

Ecuación 5. Tasa unitaria de descuento total, después de aplicar tres sucesivos descuentos con tasas respectivas d_1, d_2 y d_3.

$$d_T = 1 - (1 - d_1)(1 - d_2)(1 - d_3)$$

En el ya conocido caso de Ivonne y Liliana, podemos calcular con esta fórmula, la tasa unitaria de descuento total acumulado:

$$d_T = 1 - (1 - 0.3)(1 - 0.25)(1 - 0.1)$$

De donde:

$$d_T = 1 - 0.7 \times 0.75 \times 0.9$$

$$= 1 - 0.4725$$

$$= 0.5275$$

Y, por supuesto, podemos expresarla en su forma porcentual, simplemente multiplicándola por 100%:

$$\%d_T = d_T * 100\%$$

Esto es:

$$\%d_t = 0.5275 \times 100\%$$

$$= 52.75\%$$

Con una sencilla definición adicional, podemos simplificar las ecuaciones de la 2 a la 5 y, de paso, obtener una interpretación adicional y muy útil de los términos que componen dichas fórmulas.

La definición es la siguiente: cada resta del tipo $1 - d_i$ la definimos como un factor en sí mismo, representado por una variable, digamos f_i (siendo la f una abreviación de factor), esto es:

$$f_i = 1 - d_i$$

En donde i representa el valor de cualquier subíndice.

Con esta definición, las ecuaciones de la 2 a la 5, tomarán una forma más simple:

En lugar de:

$$P_1 = P_0(1 - d_1)$$

Ahora, la Ecuación 2 se vería así:

$$P_1 = P_0 f_1$$

Esto es, el precio P_1 se puede obtener multiplicando el precio original P_0, por un factor f_1. Y lo que hace el factor f_1 es reducir el precio original P_0, de tal manera, que equivale a aplicarle un descuento a tasa unitaria d_1.

En el ya conocido ejemplo de los descuentos de Ivonne y Liliana, el primer factor de reducción de precio, f_1, sería:

$$f_1 = 1 - d_1$$

$$= 1 - 0.3$$

$$= 0.7$$

Y entonces, P_1, el primer precio con descuento se calcularía así:

$$P_1 = P_0 * f_1$$
$$= \$\,1{,}000 \times 0.7$$
$$= \$\,700$$

Es decir, el factor 0.7 reduce el precio de $ 1,000 a $ 700, en una sola operación. Eso tiene sentido, porque si al precio original le quitamos el 30%, lo que queda por pagar es el 70% de ese precio, lo cual resulta de multiplicar el precio por el factor 0.7.

Por otra parte, la Ecuación 3, que en su forma original es:

$$P_3 = P_0(1 - d_1)(1 - d_2)(1 - d_3)$$

Ahora se vería así:

$$P_3 = P_0 * f_1 * f_2 * f_3$$

Y aún podemos simplificar más con un simple truco: definamos f_T como el producto de todos los factores de reducción de precio f_i. Esto es:

$$f_T = f_1 * f_2 * f_3$$

Claramente, el factor f_T es el factor de reducción total del precio original, pues reduce el precio al precio final después de aplicarle todos los descuentos sucesivos. Entonces, la ecuación anterior la podemos escribir como:

$$P_3 = P_0 * f_T$$

¿Cuánto vale el factor ft en el caso de los descuentos de Liliana e Ivonne? Muy fácil, empezamos por calcular los factores parciales f_1, f_2 y f_3:

$$f_1 = 1 - d_1$$
$$= 1 - 0.3$$
$$= 0.7$$

Igualmente,

$$f_2 = 1 - d_2$$
$$= 1 - 0.25$$
$$= 0.75$$

Y:

$$f_3 = 1 - d_3$$
$$= 1 - 0.1$$
$$= 0.9$$

Finalmente, calculamos f_T, multiplicando los factores de reducción de precio parciales:

$$f_T = f_1 * f_2 * f_3$$
$$= 0.7 \times 0.75 \times 0.9$$
$$0.4725$$

También podemos expresar este factor total en su forma porcentual:

$$\%f_T = f_T * 100\%$$

Esto es:

$$\%f_T = 0.4725 * 100\%$$

$$= 47.25\%$$

Lo que quiere decir que el precio final es el 47.25% del precio original.

Y, por supuesto, podríamos haber obtenido el precio final P_3, con una sola multiplicación:

$$P_3 = P_0 * f_T$$

$$= \$\,1{,}000 \times 0.4725$$

$$= \$\,472.50$$

¿Y qué hay de la Ecuación 4? Recordemos que la Ecuación 4 es:

$$D_T = P_0[1 - (1 - d_1)(1 - d_2)(1 - d_3)]$$

Pues bien, con las definiciones que hemos hecho, ahora se vería así:

$$D_T = P_0(1 - f_1 * f_2 * f_3)$$

O bien:

$$D_T = P_0(1 - f_T)$$

En el caso que hemos estado analizando:

$$D_T = \$\,1{,}000(1 - 0.4725)$$

$$= \$\,1{,}000 * 0.5275$$

$$= \$\,527.50$$

Que es el monto total de descuento que ya conocíamos.

Y, finalmente, la Ecuación 5, que en su forma original es:

$$d_T = 1 - (1-d_1)(1-d_2)(1-d_3)$$

Ahora se vería así:

$$d_T = 1 - f_1 * f_2 * f_3$$

O bien:

$$d_T = 1 - f_T$$

Que con los números de nuestro ya conocido caso, sería:

$$d_T = 1 - 0.4725$$

$$= 0.5275$$

Esto es, la tasa unitaria de descuento total es 0.5275. Por supuesto que también la podemos expresar en su forma porcentual:

$$\%d_T = d_T * 100\%$$

$$= 0.5275 \times 100\%$$

$$= 52.75\%$$

Lo que concuerda completamente con nuestros cálculos anteriores.

Ayudas visuales para lograr la intuición en el cálculo de porcentajes.

Antes de adentrarnos en los ejemplos resueltos y ejercicios para el lector, de este capítulo, vale la pena tomarnos unos minutos para tratar de lograr un entendimiento más intuitivo del cálculo de porcentajes mediante algunas ayudas visuales.

Lo primero que debemos visualizar es que, en muchos casos, cuando obtenemos el porcentaje de algo (de un total), casi siempre queda un remanente, una parte complementaria. En el caso de un descuento, por ejemplo, el remanente es el "precio con descuento", como se muestra en la ilustración siguiente.

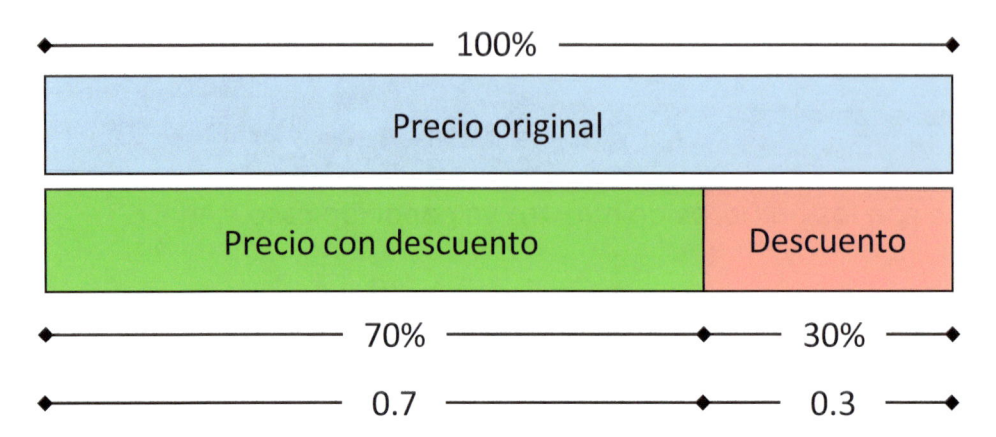

Ilustración 1. Relación entre el precio original, el descuento y el precio con descuento, cuando la tasa de descuento es el 30%.

Una propiedad evidente de esas cantidades es que suman "el todo", ya sea que se expresen como cantidades con unidad de medida, tasas porcentuales o tasas unitarias. Es decir, si examinamos la Ilustración 1, podemos ver que:

$$Precio\ con\ descuento + Descuento = Precio\ original$$

$$70\% + 30\% = 100\%$$

$$0.7 + 0.3 = 1$$

Si recurrimos a la nomenclatura que hemos utilizado en este capítulo, podríamos llamar tasa unitaria de descuento d al valor 0.3, por ejemplo y, entonces, el valor 0.7 sería el factor de reducción de precio f. Entonces, podríamos afirmar lo que ya sabíamos, que:

$$f + d = 1$$

Recordemos que cuando definimos el factor unitario de reducción de precio, lo hicimos a partir de la tasa unitaria de descuento ($f = 1 - d$).

¿Y cómo se verían los descuentos escalonados?

La Ilustración 2 muestra cómo se relacionan los descuentos escalonados con el todo y por qué las tasas de descuento no son aditivas.

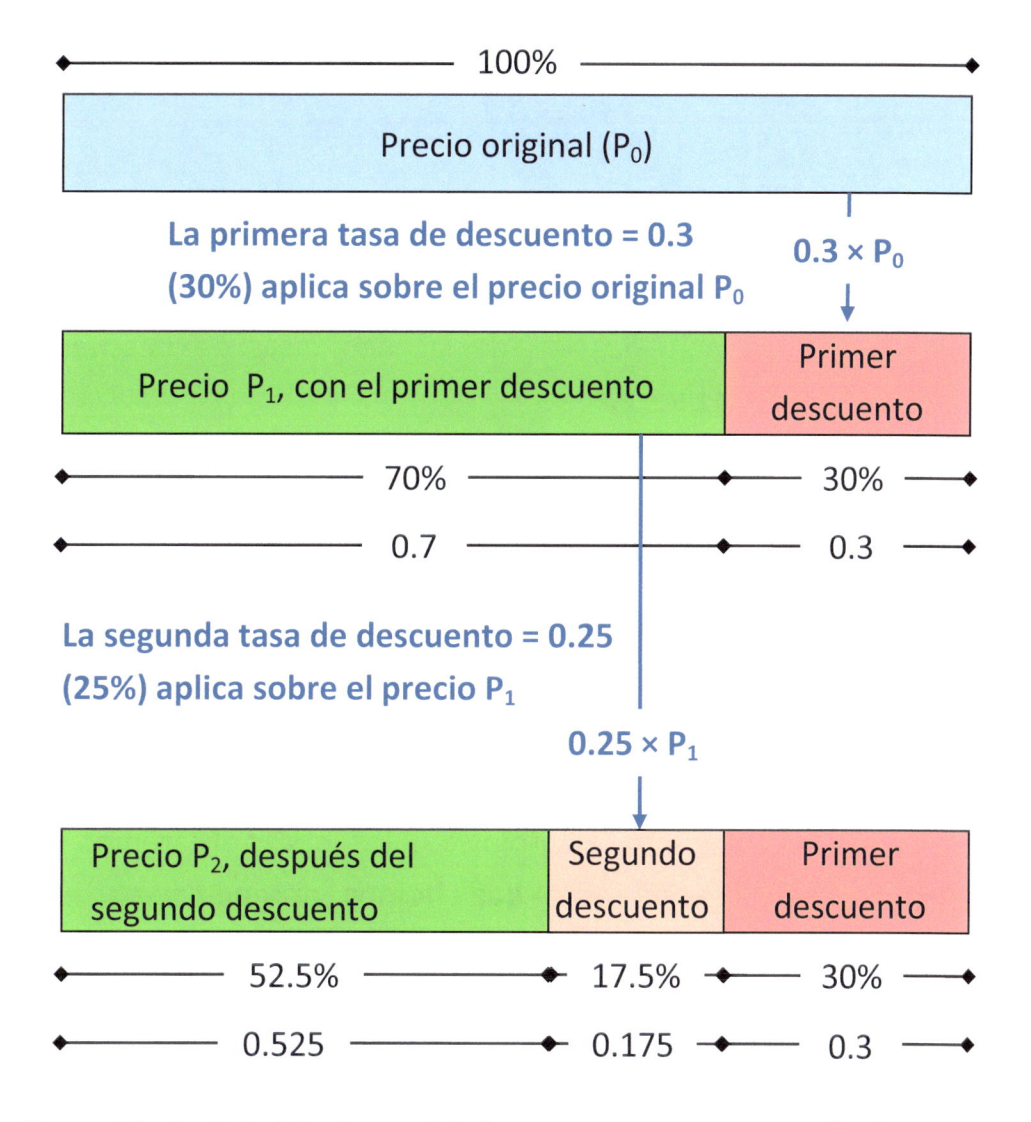

Ilustración 2. Relación de cantidades y tasas en una situación de dos descuentos escalonados. El primer descuento es del 30% y el segundo del 25%.

En la Ilustración 2 podemos observar que la tasa del segundo descuento (0.25) ya no se aplica sobre el precio original P_0, sino sobre el precio P_1 que se obtiene después de aplicar el primer descuento. Entonces, el segundo descuento, al que llamaremos D_2, se obtiene multiplicando la segunda tasa unitaria (0.25), por el precio P_1:

$$D_2 = 0.25 * P_1$$

Pero, puesto que:

$$P_1 = 0.7 * P_0$$

Entonces, podemos escribir:

$$D_2 = 0.25 * 0.7 * P_0$$

Si realizamos la multiplicación de las dos tasas de descuento sucesivas, tenemos que:

$$D_2 = 0.175 * P_0$$

O, en forma porcentual:

$$D_2 = 17.5\% * P_0$$

Es decir, que el segundo descuento (que es el 25% del 70% del precio original), equivale al 17.5% del precio original.

Ahora, veremos algunos ejemplos en los que aplicaremos los conceptos y procedimientos que hemos aprendido en este capítulo.

Ejemplo 2

Una perfumería que quebró durante la cúspide de la pandemia de Covid 19, está rematando su inventario y ofrece un descuento general del 50% en todos sus productos. Pero en los perfumes de la prestigiosa casa perfumera francesa Lancôme, ofrece un 10% adicional.

a) Calcule la tasa de descuento neto de los perfumes de la casa Lancôme.
b) ¿Cuál es el factor total f_T de reducción de precio para los perfumes de Lancôme?
c) Si el precio normal del Tresor de Lancôme es de $ 2,800, ¿Cuál es el precio después de aplicar los dos descuentos escalonados del 50% y 10%?

Respuestas.

a) La tasa unitaria de descuento neto, la podemos calcular con la Ecuación 5, pero reducida a sólo dos descuentos, esto es:

$$d_T = 1 - (1-d_1)(1-d_2)$$

En donde $d_1 = 0.5$ y $d_2 = 0.1$. Sustituyendo estos valores en la ecuación, tenemos que:

$$d_T = 1 - (1-0.5)(1-0.1)$$
$$= 1 - 0.5 \times 0.9$$
$$= 1 - 0.45$$
$$= 0.55$$

Esto significa que la tasa porcentual de descuento neto, %d_T es:

$$\%d_T = d_T * 100\%$$
$$= 0.55 \times 100\%$$
$$= 55\%$$

b) El factor total f_T de reducción de precio para estos perfumes se puede calcular con la ecuación que define al factor total:

$$f_T = f_1 * f_2$$

Y, recordando que:

$$f_1 = 1 - d_1 \quad y \quad f_2 = 1 - d_2$$

Tenemos que:

$$f_T = (1 - d_1)(1 - d_2)$$
$$= (1 - 0.5)(1 - 0.1)$$
$$= 0.5 \times 0.9$$
$$= 0.45$$

O en su forma porcentual:

$$\%f_T = f_T * 100\%$$
$$= 0.45 \times 100\%$$
$$= 45\%$$

Nótese que estas operaciones ya las habíamos hecho en el inciso anterior. De hecho, otra forma de calcular el factor total de reducción de precio f_T, es despejándolo de esta ecuación:

$$d_T = 1 - f_T$$

c) Para calcular el precio final P_f del perfume, podemos proceder de dos maneras: la primera es calcular el descuento neto D_T y luego restar ese descuento al precio original P_0:

$$P_f = P_0 - D_T$$

El descuento neto D_T, lo podemos calcular aplicando la tasa neta de descuento d_T al precio original P_0:

$$D_T = P_0 * d_T$$

$$= \$\,2{,}800 \times 0.55$$

$$= \$1{,}540$$

Entonces, el precio final es:

$$P_f = \$\,2{,}800 - \$1{,}540$$

$$= \$\,1{,}260$$

La segunda, que es más simple y directa, es aplicar el factor total de reducción de precio f_T al precio original P_0:

$$P_f = P_0 * f_T$$

$$= \$\,2{,}800 \times 0.45$$

$$= \$\,1{,}260$$

Ejemplo 3

En una nota de un diario nacional de un país se lee: "El último censo de población afirma que el 32.8% de los 24'332,440 habitantes de este país son adultos mayores (de 60 años de edad o más) y de esos adultos mayores, sólo el 43.2% cuenta con una pensión".

a) ¿Cuántos adultos mayores pensionados hay en ese país?

b) ¿Qué porcentaje de la población total son esos adultos mayores pensionados?

c) ¿Qué porcentaje de la población total son adultos mayores no pensionados?

d) ¿Qué porcentaje de la población no son adultos mayores pensionados?

Respuestas.

Podemos ver que este, aunque no es un problema de descuentos, es totalmente análogo al problema de los descuentos y la reducción de precios, ya que podemos considerar cualquier subconjunto de una población (en este caso, adultos mayores pensionados), como una "reducción" de la población total, siendo ésta última análoga al precio original de un artículo. Así que, en esencia, utilizaremos las mismas fórmulas.

1. ¿Cuántos adultos mayores pensionados hay en ese país?

    Para determinar la cantidad de adultos mayores pensionados de ese país, podemos proceder paso por paso, como lo haremos enseguida, o utilizar en un solo paso la Ecuación 3, haciendo la reinterpretación de los términos de la ecuación, como lo haremos posteriormente.

    La solución, paso a paso:

    Primero determinaremos la cantidad de adultos mayores (A) que hay en ese país. Aplicando el porcentaje de adultos mayores (32.8%) a la población total (P_0 = 24'332,440):

    $$A = 32.8\% \times 24'332,440$$

    $$= 0.328 \times 24'332,440$$

$$= 7'981,040$$

Ahora, determinaremos la porción P de estos adultos mayores que está pensionada, aplicando el porcentaje correspondiente (43.2%) sobre la cantidad de adultos mayores A:

$$P = 43.2\% \times 7'981,040$$

$$= 0.432 \times 7'981,040$$

$$= 3'447,809$$

La solución utilizando la Ecuación 3:

La Ecuación 3 (en su segunda versión), recordemos, nos permite calcular el precio final de un artículo, después de aplicar reducciones de precio escalonadas, en este caso sólo utilizaremos dos factores de reducción de la población. Y la reinterpretación de los términos es obvia, el "primer precio" es la población adulta mayor de ese país, el "segundo precio" es la población adulta mayor que además tiene pensión y los factores de reducción son, respectivamente, la tasa de adultos mayores y la tasa de adultos mayores pensionados:

$$P_2 = P_0 * f_1 * f_2$$

Sustituyendo valores:

$$P_2 = 24'332,440 \times 0.328 \times 0.432$$

$$= 3'447,809$$

2. ¿Qué porcentaje de la población total son esos adultos mayores pensionados?

De nuevo, podemos resolver de dos maneras. La primera es hacer el cálculo directo de acuerdo con la definición de porcentaje, dividiendo la cantidad de adultos mayores con pensión (P_2) entre la población total (P_0) y multiplicando por el 100%:

$$\%P_2 = \frac{P_2}{P_0} \times 100\%$$

Sustituyendo datos:

$$\%P_2 = \frac{3'447,809}{24'332,440} \times 100\%$$

$$= 14.17\%$$

La segunda manera, consiste en utilizar de nuevo la ecuación:

$$P_2 = P_0 * f_1 * f_2$$

Si agrupamos los factores de reducción:

$$P_2 = P_0 * (f_1 * f_2)$$

Podemos reescribir la ecuación así:

$$P_2 = P_0 * f_T$$

En donde f_T es el factor de reducción total, es decir, el único factor por el que necesitamos multiplicar la población total para obtener la población de adultos mayores pensionados. Esto significa que el factor f_T es la tasa de adultos mayores pensionados. Y es el producto de las dos tasas, de manera que, la otra forma de calcular $\%P_2$ es simplemente multiplicando las tasas:

$$f_T = f_1 * f_2$$

$$= 0.328 \times 0.432$$

$$= 0.1417$$

Y expresando el resultado en forma porcentual:

$$\%P_2 = \%f_T$$

$$= 0.1417 \times 100\%$$

$$= 14.17\%$$

3. ¿Qué porcentaje de la población total son adultos mayores no pensionados?

   Igual que en los incisos anteriores, podemos proceder de varias maneras. Lo primero que debemos tomar en cuenta, es que la población A, de adultos mayores podemos tomarla como un todo y, de acuerdo con los datos del problema, el 43.2% de ese todo son adultos mayores pensionados. Esto significa que, de ese todo, que es la población A de adultos mayores, el complemento de 43.2%, es decir:

   $$100\% - 43.2\% = 56.8\%$$

   son adultos mayores sin pensión. Pero, ¡cuidado! Ese porcentaje está referido a la población de adultos mayores A, no a la población total P_0. Es decir, que lo que acabamos de encontrar, es que el 56.8% de la población A de adultos mayores no tiene pensión. Pero lo que nos interesa saber es qué porcentaje de la población total P_0 son esos adultos mayores sin pensión. Llamémosle S a la cantidad de adultos mayores sin pensión. Entonces, S es el 56.8% de A:

   $$S = A * 56.8\%$$

$$= 7'981{,}040 \times \frac{56.8}{100}$$

$$= 4'533{,}231$$

Y para saber qué porcentaje de la población total P_0, son estos adultos mayores sin pensión, basta con utilizar la definición de porcentaje:

$$\%S = \frac{S}{P_0} \times 100\%$$

$$= \frac{4'533{,}231}{24'332{,}440} \times 100\%$$

$$= 0.1863$$

$$= 18.63\%$$

Y ese es el resultado que nos interesaba obtener: el 18.63% de los habitantes de ese país, son adultos mayores sin pensión.

Otra manera, más eficiente, de obtener este mismo resultado es simplemente multiplicando las tasas que definen a la población adulta mayor (32.8%) y a la porción de esta población que no tiene pensión (56.8%):

$$32.8\% \times 56.8\% =$$

$$= \frac{32.8}{100} \times \frac{56.8}{100} =$$

$$= 0.328 \times 0.568$$

$$= 0.1863$$

O, en su forma porcentual:

$$18.63\%$$

Pero, ¿por qué funciona esta última solución? Hagamos un poco de álgebra. Tomemos la última ecuación de la solución anterior, que es lo que queremos determinar:

$$\%S = \frac{S}{P_0} \times 100\%$$

Sabemos, además que:

$$S = A * 56.8\%$$

Sustituyendo a S en la ecuación anterior, tenemos que:

$$\%S = \frac{A * 56.8\%}{P_0} \times 100\%$$

Pero, a su vez:

$$A = 32.8\% * P_0$$

Así que:

$$\%S = \frac{32.8\% * P_0 * 56.8\%}{P_0} \times 100\%$$

P₀ es factor común el numerador y en el denominador, de manera que se cancela y la ecuación queda:

$$\%S = 32.8\% \times 56.8\% \times 100\%$$

O lo que es lo mismo:

$$\%S = \frac{32.8}{100} \times \frac{56.8}{100} \times 100\%$$

$$= 0.328 \times 0.568 \times 100\%$$

$$= 0.1863 \times 100\%$$

$$= 18.63\%$$

4. ¿Qué porcentaje de la población no son adultos mayores pensionados?

   En el inciso b), encontramos que el 14.17% de la población total son adultos mayores pensionados. Lo que estamos buscando ahora es el complemento de ese conjunto, esto es:

   $$\% \ adultos \ mayores \ no \ pensionados = $$
   $$= 100\% - \% \ adultos \ mayores \ pensionados$$

   Esto es:

   $$\% \ adultos \ mayores \ no \ pensionados = 100\% - 14.17\%$$
   $$= 85.83\%$$

   Nótese que la operación también puede realizarse con factores unitarios, en lugar de porcentuales:

   $$factor \ unitario \ de \ adultos \ mayores \ no \ pensionados = $$
   $$= 1 - 0.1417$$
   $$= 0.8583$$

Ejercicios del tercer capítulo.

1. Un supermercado anuncia que todo el departamento de lácteos tiene un 15% de descuento, pero los quesos importados tienen un 10% de descuento escalonado adicional.

   a. ¿Cuál es el descuento total aplicable a los quesos importados en ese supermercado?

b. ¿Cuál es el factor de reducción total de precio aplicable a los quesos importados?

c. Si un queso Camembert importado de Francia tiene un precio normal de $ 240, ¿cuál es el precio a pagar por ese queso después de aplicarle los descuentos escalonados?

2. El procedimiento de admisión de estudiantes de una universidad pública, implica la aprobación de un examen y, posteriormente, la aprobación de un curso propedéutico al que sólo pueden asistir los aspirantes que pasaron el examen de admisión. Cada año aplican el examen de admisión 15,000 aspirantes. El año pasado el 30.5% de los aspirantes aprobó el examen y, de esos aspirantes, sólo el 45% aprobó el curso propedéutico.

    a. ¿Qué porcentaje en relación al total de aspirantes fue admitido en la universidad el año pasado?

    b. ¿Cuántos aspirantes fueron admitidos?

3. De acuerdo con sus propias estadísticas, una fábrica de circuitos integrados sabe que en cada lote aproximadamente el 1.2% de las obleas de silicio tendrán algún defecto y de esas obleas defectuosas, aproximadamente el 43% tendrán defectos irreparables y tendrán que ser desechadas.

    a. De las obleas de silicio que produce esta fábrica, ¿qué porcentaje, en relación a la producción total, se espera que tengan un defecto irreparable?

    b. Si un lote de producción consta de 1,200 obleas, ¿cuántas de esas obleas serán desechadas?

c. ¿Cuál es el factor unitario de reducción de la producción?

   d. ¿Cuál es el factor porcentual de reducción de la producción?

4. El ayuntamiento de una ciudad que está ensayando mecanismos de democracia participativa directa, va a construir un puente para conectar las dos partes de la ciudad que están separadas por una barranca. El cabildo municipal ha establecido algunos requisitos para la participación de los votantes: 1. Deben ser ciudadanos facultados para votar (mayores de 18 años y registrados en el padrón electoral), 2. Tener más de 2 años de radicar en la ciudad, 3. No ser empleados del ayuntamiento, 4. No ser empleados o socios de alguna de las empresas que participarán en la licitación pública y, 5. Estar debidamente informados de los pros y contras de la construcción del puente y de su posible ubicación.

   Para que los ciudadanos puedan cumplir el último requisito, el ayuntamiento ha organizado exposiciones y foros de discusión en los que expertos en ingeniería civil, ingeniería ambiental, movilidad social, desarrollo urbano e, incluso, habitantes de las zonas directamente afectadas, han expuesto el asunto desde todos los puntos de vista posibles. Los ciudadanos que deseen participar en la votación deberán comprobar su asistencia a todas las conferencias y foros de discusión.

   De los 328,442 habitantes de la ciudad, el 43.6% son ciudadanos registrados en el padrón electoral; el 84.4% de ellos, cumplen con los requisitos del 1 al 4. Y de esos ciudadanos que cumplen con los requisitos del 1 al 4, sólo el 1.6% asistieron a todas las conferencias y foros de discusión sobre el tema.

   a. ¿Qué porcentaje de los ciudadanos registrados en el padrón electoral están habilitados para participar en la votación sobre la construcción del puente?

   b. ¿Qué porcentaje, en relación con la población total de la ciudad son los que pueden participar en la votación?

   c. ¿Cuántos ciudadanos pueden participar en las votaciones sobre la construcción del puente?

   d. ¿Cuál es el factor de reducción total que habría que aplicar a la población de la ciudad para obtener el número de posibles votantes?

   e. En las circunstancias en las que se desarrolló esta iniciativa, ¿es posible calificarla como un proceso democrático?

5. En una farmacia muy popular ofrecen todos los lunes un descuento del 25% en todos los medicamentos, independientemente de otras ofertas en las que ciertos medicamentos tienen un descuento propio. Un medicamento, después de aplicarle los dos descuentos escalonados (el general del 25% y el propio), queda con un 33.5% de descuento total.

   a. ¿De qué porcentaje es el descuento propio del medicamento? Tome en cuenta que los descuentos son "escalonados".

b. ¿Cuáles son los factores (unitario y porcentual) de reducción de precio para este medicamento?

c. Si el medicamento tiene un precio normal de $ 380.00, ¿Cuál es el precio final a pagar por este medicamento, después de aplicar los descuentos escalonados?

d. Otra opción de compra del mismo medicamento, pero en otra farmacia, es la oferta de 3 x 2, es decir se paga el precio de dos medicamentos y el tercero es "gratis". ¿Cuál de las dos ofertas es mejor?

FIJACIÓN DE PRECIOS Y UTILIDAD BRUTA

Isabel es una comerciante que está por abrir un nuevo negocio en el que venderá cosméticos; pero no tiene mucho capital, así es que se ha propuesto el objetivo de conseguir un socio inversionista.

Javier es un ex ejecutivo de banco que ahora se dedica a invertir en instrumentos de inversión de los diversos mercados de valores (acciones, ETFs, divisas, etc.) que le permiten disminuir el riesgo; pero nunca ha invertido en un "negocio de la vida real", como él mismo reconoce.

Javier sabe de la iniciativa de Isabel y está interesado en escuchar su propuesta, pues tiene la idea de que un negocio "de la vida real", si resulta exitoso, le podría proporcionar mejores rendimientos que los negocios "especulativos" en los mercados de valores.

Isabel le presenta a Javier su proyecto de negocio y, entre muchos otros datos, le informa a Javier que los productos que venderán tienen un 40% de utilidad bruta.

"A ver, déjame entender bien esto, Isabel –dice Javier con mentalidad de inversionista–. El dinero que destinemos al activo circulante, es decir, las mercancías, ¿tendrá un rendimiento del 40%? Es decir, por cada $ 100 pesos que invirtamos en un producto, ¿obtendremos $ 40 pesos de ganancia?"

"No, no es así, Javier –le responde Isabel enseguida–. La utilidad bruta es la diferencia entre el precio de venta y el costo de un producto. Y ese 40% de utilidad bruta se calcula en relación al precio de venta y no al costo, como tú lo estás interpretando."

Javier está un poco desconcertado e insiste en su argumento.

"Entonces, si un producto nos cuesta $ 100, ¿no nos dará $ 40 pesos de ganancia?"

"SI un producto nos cuesta a nosotros $ 100, nos daría a ganar $ 66.70" Contesta de inmediato Isabel.

Isabel se da cuenta que tienen puntos de vista diferentes respecto de lo que significa utilidad bruta y procede a explicarle a Javier con mayor detalle.

"Mira, Javier, la fórmula que define la relación entre el precio, el costo y la utilidad bruta es la siguiente:

$$Precio = Costo + Utilidad\ bruta$$

Que puesta en términos algebraicos se ve así:

$$P = C + U$$

En donde P es el precio, C el costo y U, la utilidad bruta.

Y si la despejamos para la utilidad bruta, obtenemos:

$$U = P - C$$

Por ejemplo, si un producto nos cuesta $ 60 y definimos que su precio de venta sea $ 100, su utilidad bruta será:

$$U = \$\ 100 - \$\ 60 = \$\ 40$$

¿Hasta aquí estamos de acuerdo?" Pregunta Isabel con paciencia de profesor.

"Totalmente de acuerdo" Responde Javier con seguridad.

"Ahora bien, el porcentaje de utilidad bruta se define con esta fórmula –continúa explicando Isabel–, al tiempo que le muestra a Javier un papel en el que ha plasmado la fórmula:

$$Porcentaje\ de\ utilidad\ bruta = \frac{Utilidad\ bruta}{Precio\ de\ venta} \times 100\%$$

Lo que, puesto en símbolos algebraicos, quedaría así:

Ecuación 6. Definición del porcentaje de utilidad bruta.

$$\%U = \frac{U}{P} * 100\%$$

Y que con los números del caso que estamos analizando, nos da:

$$\%U = \frac{\$\,40}{\$\,100} \times 100\%$$

$$= 0.4 \times 100\%$$

$$= 40\%$$

Obviamente, también podemos utilizar la versión de esta fórmula que, en lugar del porcentaje de utilidad bruta, define lo que sería la tasa unitaria o el coeficiente unitario de utilidad bruta, al que identificaremos con la letra *u* minúscula. La fórmula, evidentemente, la obtenemos de la misma Ecuación 6, pero evitando la multiplicación por el 100%, lo que nos daría:

Ecuación 7. Definición del coeficiente unitario de utilidad bruta.

$$u = \frac{U}{P}$$

Y, en este caso:

$$u = \frac{U}{P}$$

$$= \frac{\$\,40}{\$\,100}$$

$$= 0.4$$

A partir de esta definición, está claro que la relación entre el porcentaje de utilidad bruta %U y el coeficiente unitario de utilidad bruta u es, la siguiente –concluye Isabel:

Ecuación 8. Relación entre el porcentaje de utilidad bruta $\%U$ y el coeficiente unitario de utilidad bruta u.

$$\%U = u * 100\%$$

"A ver, a ver –dice Javier, visiblemente entusiasmado e ignorando los últimos argumentos de Isabel–, regresemos por un momento al asunto del porcentaje de utilidad bruta del negocio que me propones. ¿Me estás diciendo que si invertimos $ 60 en un producto, obtenemos $ 40 de ganancia? ¡Pero eso es un rendimiento del 66.6%, no del 40%!

La cuenta es muy simple –argumenta impetuosamente Javier, al tiempo que escribe sus cálculos y se los muestra a Isabel–:

$$\frac{\$\,40}{\$\,60} \times 100\%$$

$$= 0.6667 \times 100\%$$

$$= 66.67\%$$

Es decir, que el rendimiento sobre nuestro capital es el 66.67%." Afirma Javier con aire de autoridad.

Ya un poco desesperada, Isabel reafirma su punto de vista.

"Insisto, Javier, el problema es que tú estás relacionando la utilidad bruta con el costo y no con el precio de venta, como lo indica la fórmula que te mostré. Esencialmente estamos de acuerdo con los números, pero tú estás calculando lo que ustedes los inversionistas llaman el rendimiento sobre el capital invertido y yo estoy calculando el porcentaje de utilidad bruta."

"Pero no entiendo por qué hacen esto los comerciantes–alega Javier en defensa de su punto de vista–, resulta más atractivo para un inversionista que le presenten el punto de vista del rendimiento sobre el capital que eso que tú llamas el porcentaje de utilidad bruta."

"Entiendo tu punto de vista Javier –responde Isabel en tono conciliador–, pero lo correcto en el comercio es hablar del porcentaje de utilidad bruta como un indicador del diseño de un negocio, pues como te voy a explicar más adelante, lo que tú llamas rendimiento sobre el capital invertido sólo tiene sentido cuando ya has tomado en cuenta muchos otros factores, entre ellos, el hecho de que no todo el capital que entra a una empresa se invierte en mercancías, una parte se invierte en activo fijo (mobiliario, equipo, decoración, etc.), otra parte se gasta en publicidad, renta del local, telefonía e internet, presencia en la web y, en general, los gastos fijos y variables propios de la operación del negocio.

Pero, para entendernos mejor, examinemos a detalle la fórmula que define el porcentaje de utilidad bruta de un producto.

Si despejamos la utilidad bruta U de la primera fórmula y la sustituimos en la segunda, nos queda:

$$\%U = \frac{P - C}{P} * 100\%$$

Y todavía podemos simplificar más la fórmula si hacemos la división de cada uno de los elementos del numerador entre su denominador común, para obtener esta bonita fórmula:

Ecuación 9. El porcentaje de utilidad bruta (%U), de un producto en función del costo C y del precio de venta P.

$$\%U = \left(1 - \frac{C}{P}\right) * 100\%$$

Y, por cierto, la versión de esta fórmula para el coeficiente unitario de utilidad bruta u, que sería esta:

Ecuación 10. Coeficiente unitario de utilidad bruta en función del costo C y del precio de venta P.

$$u = \left(1 - \frac{C}{P}\right)$$

Esta fórmula, en cualquiera de sus dos versiones, es muy útil para entender que, a diferencia del rendimiento sobre el capital, el porcentaje de utilidad bruta %U o, equivalentemente, el coeficiente unitario de utilidad bruta u, son cantidades acotadas.

En el caso del porcentaje de utilidad bruta, está acotado entre los valores 0 y 100%. Y en el caso del coeficiente unitario de utilidad bruta es un número entre 0 y 1."

"¿Cómo sabemos eso?" Pregunta con interés Javier.

"Muy simple –contesta Isabel con aire académico–, lo menos que puede valer el costo de un producto es $ 0, ¿cierto? Esto puede ocurrir si alguien te regala el producto y luego tú lo vendes al precio que sea. En este caso, la fórmula daría:

$$\%U = \left(1 - \frac{0}{P}\right) * 100\%$$

$$= (1 - 0) * 100\%$$

$$= 1 \times 100\%$$

$$= 100\%$$

Es decir, el máximo valor posible para el porcentaje de utilidad bruta es el 100%. Y, por otra parte, lo menos que puede valer el precio del producto es el costo (a menos, claro está, que estés dispuesto a perder dinero). Esto sucede cuando compras un producto a un costo determinado y lo vendes en esa misma cantidad, sin ganar, pero también sin perder. Es decir: $P = C$. En esta circunstancia, la fórmula queda:

$$\%U = \left(1 - \frac{C}{C}\right) * 100\%$$

$$= (1 - 1) * 100\%$$

$$= 0 \times 100\%$$

$$= 0$$

Esto significa que el valor mínimo que puede tener la utilidad bruta es 0.

Puedes hacer los mismos cálculos con las versiones de estas fórmulas para el coeficiente unitario de utilidad bruta y encontrarás que el coeficiente sólo puede tomar valores entre 0 y 1.

Seguramente te estarás preguntando, ¿y qué pasa si vendo el producto a un precio que es menor que el costo? Bueno, es claro que obtendrías un valor negativo para el porcentaje de utilidad bruta o, lo que es equivalente, para el coeficiente unitario de utilidad bruta. A esto, los comerciantes ya no le llamamos porcentaje de utilidad bruta o coeficiente unitario de utilidad bruta, sino porcentaje de pérdida o coeficiente unitario de pérdida y se calcula de otra manera.

Por ejemplo –continúa imbatible Isabel–, pensemos que compraste un producto en $ 300 y, después de muchos intentos infructuosos de venderlo con alguna ganancia, renuncias a ello y decides rematarlo en $ 180, es decir, decides perder $ 120. Si utilizas la fórmula para el cálculo del porcentaje de utilidad bruta, obtienes:

$$\%U = \left(1 - \frac{\$\,300}{\$\,180}\right) * 100\%$$

$$= (1 - 1.6667) * 100\%$$

$$= -0.6667 \times 100\%$$

$$= -66.67\%$$

Pero eso no tiene sentido, porque perdiste $ 120 al haber comprado el producto en $ 300 y haberlo vendido en $ 180, de manera que el porcentaje de lo que perdiste de tu dinero es:

$$Porcentaje\ de\ pérdida = \left(\frac{Cantidad\ perdida}{Costo}\right) * 100\%$$

$$= \left(\frac{\$\,120}{\$\,300}\right) * 100\%$$

$$= 0.4 \times 100\%$$

$$= 40\%$$

¿Ahora sí estamos de acuerdo?" Pregunta Isabel, con aire triunfante.

"Ha quedado muy clara tu explicación –reconoce Javier–, pero yo he oído a varios comerciantes discutir, afirmando cosas como:

"Este producto me da más del 200% de utilidad bruta". Entonces, ¿eso no es posible?"

"Así es, de acuerdo con las definiciones que acabamos de hacer, eso no es posible –responde Isabel, sabiendo que ha ganado la discusión–. Es muy común escuchar ese tipo de afirmaciones como la que acabas de mencionar y derivan del mismo error que tú estabas cometiendo: relacionar la utilidad bruta con el costo y no con el precio de venta."

Esta discusión entre Isabel, con criterio de empresaria y Javier, con criterio de inversionista, aunque es ficticia, está basada en una discusión real que discurrió más o menos en los mismos términos, pero entre el promotor de un negocio de importación y distribución de resinas plásticas biodegradables y un director de una paraestatal bancaria.

Ahora, veamos mediante algunos ejemplos y ejercicios, las aplicaciones prácticas de estas fórmulas que permiten calcular porcentajes de utilidad bruta y coeficientes unitarios de utilidad bruta.

Ejemplo 4

Un restaurante de pizzas y cerveza vende la botella de cerveza a $ 60. El costo de la botella de cerveza para el restaurante es de $ 15.

a) ¿Cuál es la utilidad bruta que el restaurante obtiene por la venta de una cerveza?

b) ¿Cuál es el coeficiente unitario de utilidad bruta de una cerveza en este restaurante?

c) ¿Cuál es el porcentaje de utilidad bruta que el restaurante obtiene por la venta de la cerveza?

d) ¿Cuál es el rendimiento sobre el capital invertido en una cerveza, cuando ésta se vende?

Respuestas.

a) ¿Cuál es la utilidad bruta que el restaurante obtiene por la venta de una cerveza?

La utilidad bruta (U), es la diferencia entre el precio de venta (P) y el costo (C) del producto, esto es:

$$U = P - C$$

Sustituyendo los datos del problema, obtenemos:

$$U = \$\,60 - \$\,15$$

$$= \$\,45$$

b) ¿Cuál es el coeficiente unitario de utilidad bruta de una cerveza en este restaurante?

El coeficiente unitario de utilidad bruta u, lo podemos calcular directamente con la Ecuación 7:

$$u = \frac{U}{P} = \frac{\$\,45}{\$\,60}$$

$$= 0.75$$

c) ¿Cuál es el porcentaje de utilidad bruta que el restaurante obtiene por la venta de la cerveza?

El porcentaje de utilidad bruta (%U) lo podemos calcular, simplemente, multiplicando el coeficiente unitario de utilidad bruta que obtuvimos en el inciso anterior, por el 100%:

$$\%U = u * 100\%$$

$$= 0.75 \times 100\%$$

$$= 75\%$$

e) ¿Cuál es el rendimiento sobre el capital invertido en una cerveza, cuando ésta se vende?

El rendimiento r sobre el capital invertido, es la razón entre la utilidad bruta obtenida U y el monto de la inversión, que en este caso es el costo de la cerveza C, esto es:

$$r = \frac{U}{C} * 100\%$$

$$= \frac{\$\,45}{\$\,15} * 100\%$$

$$= 3 \times 100\%$$

$$= 300\%$$

Como puede observarse, mientras que el porcentaje de utilidad bruta como ya sabíamos, es un número necesariamente menor que 100%, el rendimiento sobre el capital si puede ser mayor que el 100%.

Ejemplo 5

Un vendedor de envases de vidrio para alimentos va a integrar a su catálogo un nuevo envase que le cuesta $ 18.60 por unidad. Su política de utilidades indica que en ventas de medio mayoreo su utilidad bruta debe ser del 25% y en ventas al por menor, su utilidad bruta debe ser del 40%.

a) Si quisiera utilizar un solo factor que, multiplicando al costo, le dé como resultado el precio de venta de medio mayoreo, ¿cuánto valdría dicho factor?

b) ¿Cuál es el porcentaje que debe aumentar al costo para obtener el 25% de utilidad bruta?

c) ¿Cuál será el precio de medio mayoreo del nuevo frasco?

d) Si quisiera utilizar un solo factor que, multiplicando al costo, le dé como resultado el precio de venta de menudeo, ¿cuánto valdría dicho factor?

e) ¿Cuál es el porcentaje que debe aumentar al costo para obtener el 40% de utilidad bruta?

f) ¿Cuál será el precio de menudeo del nuevo envase?

Respuestas.

1. Si quisiera utilizar un solo factor que, multiplicando al costo, le dé como resultado el precio de venta de menudeo, ¿cuánto valdría dicho factor?

   La Ecuación 10 relaciona al coeficiente unitario de utilidad bruta (u), con el costo (C) y el precio (P), de manera que podemos despejar de ella el precio de venta P que quedaría en función de costo y del coeficiente unitario de utilidad bruta:

   $$u = 1 - \frac{C}{P}$$

   Sumando C/P en ambos lados de la ecuación, obtenemos:

   $$u + \frac{C}{P} = 1 - \frac{C}{P} + \frac{C}{P}$$

$$u + \frac{C}{P} = 1$$

Si ahora restamos u en ambos lados de la ecuación:

$$u - u + \frac{C}{P} = 1 - u$$

$$\frac{C}{P} = 1 - u$$

Obteniendo los recíprocos de las fracciones, tenemos:

$$\frac{P}{C} = \frac{1}{1 - u}$$

Y, finalmente, multiplicando ambos lados de la ecuación por C, obtenemos:

$$C\left(\frac{P}{C}\right) = C\left(\frac{1}{1 - u}\right)$$

$$P = C\left(\frac{1}{1 - u}\right)$$

Es decir, que para obtener el precio de venta, tenemos que multiplicar el costo por el factor:

$$\left(\frac{1}{1 - u}\right)$$

Y el valor de este factor lo encontramos sustituyendo los valores correspondientes, sabiendo que el porcentaje de utilidad bruta en el precio de medio mayoreo es 25% y, por lo tanto, el coeficiente unitario de utilidad bruta u es 0.25:

$$\frac{1}{1 - u}$$

$$= \frac{1}{1 - 0.25}$$

$$= \frac{1}{0.75}$$

$$= 1.\overline{3}$$

2. ¿Cuál es el porcentaje que debe aumentar al costo para obtener el 25% de utilidad bruta?

   En el inciso anterior, encontramos que:

   $$P = C * 1.\overline{3}$$

   Lo que podemos escribir de la siguiente manera:

   $$P = C(1 + 0.\overline{3})$$

   Y si hacemos la multiplicación siguiendo las reglas del álgebra:

   $$P = C + C * 0.\overline{3}$$

   Es decir, que para obtener el precio de venta de medio mayoreo (con el 25% de utilidad bruta), al costo tenemos que sumarle una cantidad que equivale a 0.3333... veces el costo mismo o, lo que es lo mismo, el 33.33...% del costo.

3. ¿Cuál será el precio de medio mayoreo del nuevo frasco?

   El precio de medio mayoreo ya está dado por la fórmula que encontramos en el inciso a):

   $$P = C * 1.\overline{3}$$

   $$= \$ \, 18.60 \times 1.\overline{3}$$

   $$= \$ \, 24.80$$

Podemos verificar que efectivamente este es el precio de medio mayoreo que nos proporciona un porcentaje de utilidad bruta del 25%. De acuerdo con la Ecuación 9, el porcentaje de utilidad bruta, en este caso es:

$$\%U = \left(1 - \frac{C}{P}\right) * 100\%$$

$$= \left(1 - \frac{\$\,18.60}{\$\,24.80}\right) * 100\%$$

$$= (1 - 0.75) * 100\%$$

$$= 0.25 \times 100\%$$

$$= 25\%$$

4. Si quisiera utilizar un solo factor que, multiplicando al costo, le dé como resultado el precio de venta de menudeo, ¿cuánto valdría dicho factor?

La pregunta es idéntica a la del inciso a), sólo que ahora la utilidad bruta es del 40%, o bien, el coeficiente unitario de utilidad bruta es 0.4. Sustituyendo ese dato en la solución que encontramos en el inciso a), tenemos que:

$$\frac{1}{1-u}$$

$$= \frac{1}{1-0.4}$$

$$= \frac{1}{0.6}$$

$$= 1.\overline{6}$$

Es decir, que el factor por el que se debe multiplicar el costo para obtener un precio de venta con un 40% de utilidad bruta es 1.666…

5. ¿Cuál es el porcentaje que debe aumentar al costo para obtener el 40% de utilidad bruta?

De nuevo, la pregunta es idéntica a la del inciso b), sólo que ahora debemos de sumar al costo un porcentaje del mismo costo para obtener un precio que nos dé una utilidad bruta del 40% o, lo que es lo mismo, un coeficiente unitario de utilidad bruta u = 0.4. Así que procedemos igual que en el inciso b).

De la solución del inciso e), sabemos que para obtener el precio de venta de menudeo debemos multiplicar el costo por el factor 1.666…, esto es:

$$P = C * 1.\overline{6}$$

Y, como en el caso anterior, lo podemos escribir así:

$$P = C(1 + 0.\overline{6})$$
$$= C + C * 0.\overline{6}$$

Esto es, que para obtener el precio de menudeo con el 40% de utilidad bruta (ó, u = 0.4), debemos sumar al costo 0.666… veces el costo mismo o, equivalentemente, el 66.66…% del costo.

6. ¿Cuál será el precio de menudeo del nuevo envase?

De nuevo, la solución ya la tenemos en la solución que encontramos en el inciso d):

$$P = C * 1.\overline{6}$$

$$= \$\,18.60 \times 1.\overline{6}$$

$$= \$\,31.00$$

También podemos verificar que efectivamente este es el precio de menudeo, puesto que en este caso nos proporciona un porcentaje de utilidad bruta del 40%. De nuevo, la Ecuación 9, indica que el porcentaje de utilidad bruta es:

$$\%U = \left(1 - \frac{C}{P}\right) * 100\%$$

$$= \left(1 - \frac{\$\,18.60}{\$\,31.00}\right) * 100\%$$

$$= (1 - 0.60) * 100\%$$

$$= 0.40 \times 100\%$$

$$= 40\%$$

Ejemplo 6

Jessica y Gloria compran el mismo producto en dos supermercados diferentes. Jessica, que compró en el almacén A, pagó $ 125.00 por el producto, mientras que Gloria, que compró el producto en el almacén B, pagó por él $ 169.00.

Jessica alega que Gloria compró el producto un 35.20% más caro, mientras que Gloria dice que no, que sólo lo compró un 26.03% más caro. ¿Cuál de las dos tiene la razón?

Respuesta.

Aunque este ejemplo no versa sobre descuentos escalonados, es muy ilustrativo de una situación que frecuentemente causa confusión: el hecho de que siempre que hablamos de un porcentaje, debemos especificar en relación a qué cantidad estamos calculando ese porcentaje.

En este caso, vamos a ver que, en cierta forma, ambas tienen razón, pero cada una ha calculado el porcentaje en relación a una cantidad distinta: el precio que cada una de ellas pagó respectivamente.

Veamos primero el punto de vista de Jessica. Ella seguramente razonó de la siguiente manera:

"Yo pagué $ 125.00 por el producto y Gloria $ 169.00. Para llegar al precio que pagó Gloria, el almacén A tendría que aumentar $ 44.00 al precio que yo pagué, y esto es:

$$\frac{\$\,44.00}{\$\,125.00} = 0.352$$

O, en su forma porcentual:

$$0.352 \times 100\%$$

$$= 35.2\%$$

Es decir, que para obtener el precio que pagó Gloria, el almacén A tendría que aumentar a su precio el 35.2%."

Ahora, analicemos el punto de vista de Gloria, quien seguramente razonó de esta manera:

"Yo pagué $ 169.00 por el producto y Jessica pagó $ 125.00. Para que yo hubiera pagado lo mismo que pagó Jessica, el almacén B habría tenido que hacerme un descuento de $ 44.00, es decir:

$$\frac{\$\,44.00}{\$\,169.00} = 0.2603$$

O, en su forma porcentual:

$$0.2603 \times 100\%$$

$$= 26.03\%$$

Es decir, que me debieron descontar el 26.03% del precio que pagué."

Como puede verse, el argumento de cada una de ellas es correcto y el desacuerdo surge sólo de que el punto de vista es diferente.

Ambas, por supuesto, están de acuerdo en que la diferencia de precio son $ 44.00, pero Jessica ve esta diferencia como un incremento del precio que ella pagó, es decir, como un porcentaje de los $ 125.00 que pagó por el producto y, en ese sentido, su apreciación es correcta: 44 es el 35.2% de 125.

Por su parte, Gloria ve esa diferencia de $ 44.00 como un porcentaje de descuento calculado sobre el precio de $ 169.00 que ella pagó y su apreciación también es correcta, pues 44 es el 26.03% de 169.

Ejercicios del cuarto capítulo.

1. Un comerciante de electrodomésticos, que tiene una tienda en línea, acaba de subir a su catálogo de productos un horno de aire caliente que a él le cuesta $ 1,280.00. El precio de venta que el comerciante estableció para este producto es $ 2,140.00

a. ¿Cuál es la utilidad bruta que el comerciante obtiene en la venta de este producto?

b. ¿Cuál es el coeficiente unitario de utilidad bruta (u) del producto?

c. ¿Cuál es el porcentaje de utilidad bruta ($\%U$) del producto?

2. En un pequeño establecimiento, la dueña tiene una política de precios que establece porcentajes de utilidad bruta por cada departamento. Así, los productos del departamento de abarrotes tienen un 20% de utilidad bruta; los productos de carnes frías y embutidos tienen un 35% de utilidad bruta; los productos del departamento de lácteos tienen un 25% de utilidad bruta, excepto la leche, que tiene sólo un 12% de utilidad bruta; mientras que los productos del departamento de limpieza de hogar tienen un 40% de utilidad bruta.

a. Si el precio de un litro de leche en ese establecimiento es de $ 24.00, ¿Cuánto le cuesta ese litro de leche a la dueña del establecimiento?

b. El jamón de pierna, para la dueña del establecimiento tiene un costo a razón de $ 76.00 el kg. ¿Cuál es el precio al que debe vender al jamón para cumplir con su política de precios?

c. Cada kg de queso tipo manchego, le proporciona a la dueña una utilidad bruta de $ 32.00. ¿A qué precio vende la dueña del establecimiento el kg de queso tipo manchego? ¿Cuánto le cuesta a ella el kg de queso tipo manchego?

d. Un galón de detergente limpia-pisos le cuesta a la dueña del establecimiento $ 36.00 ¿Cuál es el precio al que venderá ese galón de limpia-pisos, respetando su política de precios?

e. ¿Cuál es el coeficiente unitario de utilidad bruta (u) para cada uno de los departamentos de este establecimiento?

f. ¿Cuánto vale el factor (único) por el que tendría que multiplicar el costo de un producto del departamento de abarrotes, para obtener su precio de venta?

3. Un comerciante de flores que declara que él obtiene un 40% de utilidad bruta en la venta de cualquiera de sus productos, asegura que para fijar el precio de venta de un producto, divide el costo entre 0.6. ¿Es correcto lo que hace? Explique por qué sí o por qué no.

4. En el caso del problema anterior:

   a. ¿cuál sería el factor (único) por el que debemos multiplicar el costo de las flores para obtener el precio?

   b. ¿Cómo se relacionan el valor 0.6 y el factor que encontramos en el inciso anterior, con el coeficiente unitario de utilidad bruta u?

5. Dos comerciantes discuten. El comerciante A le dice al B que para obtener un 50% de utilidad bruta en la venta de sus productos, debe multiplicar el costo por el factor 1.5. El comerciante B no está de acuerdo; él sostiene que para

obtener una utilidad bruta del 50% es necesario multiplicar el costo del producto por 2.

   a. ¿Quién de los dos comerciantes tiene la razón?

   b. ¿Qué utilidad bruta daría el procedimiento propuesto por el comerciante A?

   c. ¿Cuál sería el factor por el que debemos multiplicar el costo del producto, si queremos obtener un porcentaje de utilidad bruta del 75%?

6. El gerente de un supermercado que tiene muchos departamentos y una política de precios que asigna un porcentaje de utilidad bruta a cada departamento, quiere ahorrarse trabajo a la hora de calcular los precios de venta de todos sus productos. Para ello, está construyendo una tabla en la que, a cada porcentaje de utilidad bruta, le corresponda un factor por el que debe multiplicar el costo para obtener el precio de venta al público. Complete la tabla, redondeando los factores hasta décimas de millar (cuatro cifras después del punto decimal):

Porcentaje de utilidad bruta	Factor
5.0%	1.0526
10.0%	1.1111
12.0%	
12.5%	
15.0%	
18.0%	
20.0%	
22.5%	
25.0%	

Porcentaje de utilidad bruta	Factor
28.5%	
30.0%	
32.5%	
34.0%	
35.0%	
36.0%	
37.5%	
38.0%	
40.0%	

7. Llamémosle f_i a cada uno de los factores obtenidos en el problema anterior. Para cada factor, calcule la cantidad:

$$1 - \frac{1}{f_i}$$

Compare, en cada caso, el resultado del cálculo anterior con el porcentaje de utilidad bruta correspondiente. ¿Cómo se relacionan estos resultados con los coeficientes unitarios de utilidad bruta?

¿PORCENTAJE O PUNTOS PORCENTUALES?

En la actualidad existen muchos diarios especializados en noticias sobre economía y finanzas, que son capaces de reportar los hechos con toda precisión y con buen uso de la jerga técnica propia de ese ámbito; pero no siempre fue así.

En un no muy lejano pasado o incluso en la actualidad, pero en publicaciones no especializadas, era posible encontrar notas como la siguiente:

> "**La inflación aumentó un 3% este año en relación con el año pasado.**
>
> Por Johnny Mentero.
> Financial Press.
> Ciudad de México, 28 de diciembre de 1964.
>
> De acuerdo con cifras del Banco de México, el año pasado se registró una inflación del 6%, mientras que al cierre de este año, los últimos datos arrojan una inflación del 9%, esto es, un incremento del 3% con respecto al año anterior (...)."

¿Qué es lo que está mal en este artículo? La respuesta es muy simple, si algo vale 6 (manzanas, pesos, metros, lo que sea) y aumenta 3, claramente aumentó el 50% de su valor original (y no el 3%), para llegar al valor final de 9.

La confusión viene de que lo que aumenta, en este caso, es un valor porcentual, pero lo correcto es decir que aumentó 3 puntos porcentuales y no el 3%.

Las cosas resultan más claras si revisamos un ejemplo análogo, pero de alguna magnitud con cualquier otra unidad de medida. Por ejemplo, pensemos en algo que medía 6 metros y aumentó tres metros; claramente no podemos afirmar que aumentó el tres por ciento, sino el 50%, es decir, la mitad de su valor original, como en el caso anterior, en el que la "unidad de medida" son los puntos porcentuales.

Pero, ¿por qué ponemos comillas cuando decimos que en una cifra porcentual las unidades de medida son los puntos porcentuales? En el primer capítulo en el que definimos el concepto de porcentaje, establecimos que **los porcentajes son adimensionales**, pues surgen de la división de una cantidad, con unidad de medida, entre otra cantidad con la misma unidad de medida y esta operación cancela las unidades de medida.

Entonces, ¿sí son o no son los puntos porcentuales una unidad de medida?

La respuesta formal es que no, no son una unidad de medida; pero a veces resulta útil tratar a las cantidades porcentuales como si tuvieran una unidad de medida (los puntos porcentuales), como en el caso anterior, en el que nos liberan de la confusión de decir que una cantidad porcentual aumentó o disminuyó en una determinada cantidad.

Por lo tanto, los puntos porcentuales son algo así como una pseudo-unidad de medida.

Veamos un ejemplo que ayuda a clarificar este tema.

Ejemplo 7

El contrato de crédito hipotecario de un banco en México establece que la tasa de interés aplicable cada mes, será la que resulte mayor de las siguientes dos opciones:

A. El promedio en el mes de la TIIE más 6 puntos porcentuales.
B. El promedio en el mes de la TIIE, más el 40% de la misma; lo que equivale a multiplicar la tasa TIIE por el factor 1.4

La Tasa de Interés Interbancaria de Equilibrio (TIIE) a que se refiere este contrato es una tasa de referencia para operaciones entre bancos.

Ahora bien, la TIIE como todas las tasas de interés es expresada en su forma porcentual anual. Por ejemplo, supongamos que al cierre del mes de operación de un crédito, el promedio de la TIIE en ese mes fue de 6.4% (anual) También podemos decir que la TIIE vale 6.4 pp (6.4 puntos porcentuales). Entonces, de acuerdo con el contrato del banco, la tasa aplicable al crédito será la que resulte mayor entre las opciones A y B.

Haremos los cálculos para estas dos opciones. Y en cada una lo haremos de dos maneras: primero utilizando el símbolo % de porcentaje como una pseudo-unidad de medida y luego utilizando la pseudo-unidad de medida de los puntos porcentuales (pp):

Opción A:

Método 1. Tomamos el símbolo % como si fuera una unidad de medida:

$$Tasa\ aplicable = TIIE + 6\,\%$$

$$= TIIE + 6\%$$
$$= 6.4\% + 6\%$$
$$= 12.4\%$$

Método 2. Utilizamos la pseudo-unidad de medida de los puntos porcentuales:

$$Tasa\ aplicable = TIIE + 6\ puntos\ porcentuales$$
$$= TIIE + 6\ pp$$
$$= 6.4\ pp + 6\ pp$$
$$= 12.4\ pp$$

Opción B:

Método 1. Tomamos el símbolo % como si fuera una unidad de medida:

$$Tasa\ aplicable = TIIE + 40\%\ de\ la\ TIIE$$

Que, en este caso es:

$$TIIE + TIIE * 40\%$$
$$= TIIE + TIIE * \frac{40}{100}$$
$$= TIIE + TIIE * 0.4$$
$$= TIIE(1 + 0.4)$$
$$= TIIE * 1.4$$
$$= 6.4\ \% * 1.4$$
$$= 8.96\ \%$$

Método 2. Utilizamos la pseudo-unidad de medida de los puntos porcentuales:

$$Tasa\ aplicable = TIIE + 40\%\ de\ la\ TIIE$$

Que, en este caso es:

$$TIIE + TIIE * 40\%$$

$$= TIIE + TIIE * \frac{40}{100}$$

$$= TIIE + TIIE * 0.4$$

$$= TIIE(1 + 0.4)$$

$$= TIIE * 1.4$$

$$= 6.4\ pp * 1.4$$

$$= 8.96\ pp$$

Estos procedimientos de cálculo merecen varios comentarios.

Primero, notemos que en la Opción A, en el cálculo por el método 1 (en donde tomamos el signo % como una unidad de medida), para poder hacer la suma de la TIIIE (6.4 %) más el margen de intermediación bancaria (6 pp), tuvimos que re-expresar este último en porcentaje; de otra manera, habría parecido que estábamos tratando de "sumar peras con manzanas". Esto es, la suma:

$$6.4\ \% + 6\ pp$$

La re-expresamos así:

$$6.4\ \% + 6\ \%$$

De la misma manera, en la Opción A, método 2, tuvimos que re-expresar la TIIE (6.4 %) en puntos porcentuales, otra vez, para que la suma no pareciera de "peras con manzanas". De nuevo, la suma:

$$6.4\ \% + 6\ pp$$

La re-expresamos ahora así:

$$6.4\ pp + 6\ pp$$

Por otra parte, en el método 1 de la opción B, en el que tomamos al signo % como una pseudo-unidad de medida, hemos evitado sustituir el valor de la TIIE prácticamente hasta el final del procedimiento de cálculo, precisamente para no provocar la confusión que surge del hecho de que no es una unidad de medida real. ¿Qué hubiera pasado si hubiéramos hecho la sustitución desde el principio? Bueno, el procedimiento se hubiera visto así:

$$TIIE + TIIE * 40\%$$

$$= 6.4\ \% + 6.4\ \% * 40\ \%$$

Es en este paso en el que se genera una situación confusa, pues si tratamos al símbolo % como una unidad de medida real, el segundo término de la expresión anterior, debería dar "unidades porcentuales al cuadrado", porque sería el producto de %*%. Entonces, la expresión anterior se convertiría en:

$$6.4\ \% + 256\ \%^2$$

Lo cual carece completamente de sentido, pues es como si tratáramos de sumar metros lineales con metros cuadrados.

Por esa razón, a veces es conveniente utilizar la otra pseudo-unidad de medida (los puntos porcentuales) y, sobre todo, recordar siempre, que ninguna de las dos es una unidad de medida real: **los porcentajes son adimensionales**.

Volviendo a las soluciones del ejemplo, podemos ver que la tasa aplicable al crédito en ese mes es la de la Opción A, 12.4% (ó 12.4 pp), pues es la que resulta más alta de las dos.

Ejercicios del quinto capítulo

1. Un economista afirma que en su país, este año, la tasa de desempleo aumentó un 28.8 % en relación con el año inmediato anterior. Si la tasa de desempleo del año pasado en ese país fue del 17.2 % de la Población Económicamente Activa (PEA):

    a) ¿Cuántos puntos porcentuales aumentó la tasa de desempleo?

    b) ¿Cuál es el valor actual de la tasa de desempleo en ese país?

    Si la PEA de ese país es de 34'768,340 personas:

    c) ¿Cuántas de ellas estuvieron desempleadas el año pasado?

    d) ¿Cuántas personas se agregaron a las filas del desempleo este año?

    e) ¿Cuántas personas en total están desempleadas este año?

2. Con la finalidad de fortalecer el desarrollo de jugadores nacionales, la liga de fútbol de un país decretó un cambio en la regla de aceptación de jugadores extranjeros en un equipo de primera división. La regla anterior establecía que el máximo porcentaje de jugadores extranjeros que podía tener un equipo era el 25%. La nueva regla establece un máximo de 16.7% de jugadores extranjeros. En la primera división de la liga están registrados 432 jugadores.

   a) ¿En qué porcentaje se redujo el porcentaje máximo permitido de jugadores extranjeros permitidos en esa liga?

   b) ¿Cuál era el número máximo de jugadores extranjeros que podía haber en la primera división de esa liga el año pasado?

   c) ¿Cuál es el máximo número de jugadores extranjeros que puede haber en esa liga actualmente?

   d) Si un equipo tiene 24 jugadores, ¿Cuál era el máximo número de jugadores extranjeros que podía contratar el año pasado? ¿Cuál es el máximo número de jugadores que puede contratar este año?

   e) Dos directores técnicos que están inconformes con la nueva regla, aportan sus argumentos en una consulta interna de la liga. Uno de ellos afirma que la posibilidad de contratar jugadores extranjeros se ha reducido en un 33.2 %, mientras que el otro afirma que para volver a la situación anterior, habría que aumentar el porcentaje de extranjeros en un 49.7 %. ¿Es posible que los dos tengan razón?

3. Un indicador utilizado en la liga norteamericana de béisbol (MLB) es el "porcentaje de bateo", que mide la fracción de ocasiones en las que un jugador en turno al bat conecta, al menos un hit, en relación con el número total de veces que "abanica", es decir, el número total de veces que responde al lanzamiento del pitcher. Curiosamente, este indicador no se publica como un porcentaje, sino como un coeficiente unitario. La tabla siguiente muestra algunos de los mejores "porcentajes de bateo" registrados en la historia reciente de la MLB.

Jugador	Equipo	Porcentaje de bateo
Ty Cobb	Detroit Tigers	0.367
Rogers Hornsby	Chicago Cubs	0.358
Ed Delahanty	Philadelphia Phillies	0.346
Tristram Speaker	Boston Red Sox	0.345
Ted Williams	Boston Red Sox	0.344
Billy Hamilton	Boston Beaneaters	0.344
Dan Brouthers	New York Giants	0.342
Babe Ruth	New York Yankees	0.342
Harry Heilmann	Detroit Tigers	0.342
Willie Keeler	New York Highlanders	0.341

Tabla 1. Algunos de los mejores porcentajes de bateo de la liga MLB. Fuente: mlb.com

a) Expresado como porcentaje, ¿cuál fue el porcentaje de bateo del legendario Babe Ruth?

b) ¿En qué porcentaje tendría que mejorar su porcentaje de bateo Dan Brouthers para igualar el porcentaje de bateo de Ty Cobb?

c) ¿Cuántos puntos porcentuales hay de diferencia entre el porcentaje de bateo de Ed Delahanty y Harry Heilmann?

4. Una compañía de telefonía celular que tiene actualmente una captación de mercado del 34 % en un mercado conformado por 42'340,450 consumidores, asegura que su nuevo plan comercial le garantiza un crecimiento del 20% en su tasa de captación.

   a) Si su plan comercial da los resultados esperados, ¿cuál será el porcentaje de captación de mercado que logre esta compañía?

   b) ¿Cuántos puntos porcentuales aumentaría su tasa de captación de mercado si el plan comercial da el resultado esperado?

   c) ¿Cuántos consumidores tiene actualmente la compañía?

   d) ¿Cuántos nuevos consumidores se agregarían al mercado cautivo de la compañía si su plan da el resultado esperado?

5. Una sociedad mercantil, que fija sus precios al consumidor con un porcentaje de utilidad bruta del 30%, entrega una utilidad neta a sus socios del 14 % (utilidad después de descontar los gastos y los impuestos). Si definimos la Eficiencia del Activo Circulante (EAC), como la relación:

$$EAC = \frac{Porcentaje\ de\ utilidad\ neta}{Porcentaje\ de\ utilidad\ bruta}$$

Que en este caso, sería:

$$EAC = \frac{14\%}{30\ \%}$$

$$= 0.4\bar{6}$$

O, en su forma porcentual:

$$EAC = 46.\bar{6}\ \%$$

Una forma de interpretar este coeficiente es que de la utilidad bruta que generan las ventas de la compañía, sólo el 46.666…% se convierte en utilidades distribuibles entre los socios, el resto se va en gastos e impuestos.

a) Si suponemos que la compañía es capaz de mantener constante esa eficiencia de su activo circulante, ¿qué porcentaje de utilidad bruta deberá adoptar la compañía para garantizar a sus socios un 20 % de utilidad neta?

b) ¿Qué incremento porcentual de su política de porcentaje de utilidad bruta significa ese cambio?

c) ¿Cuántos puntos porcentuales deberá incrementar su porcentaje de utilidad bruta para lograr esa meta?

LOS PORCENTAJES NO SIEMPRE SON ADITIVOS

En el tercer capítulo, "DE COMPRAS EN LA TIENDA DEPARTAMENTAL", tuvimos la oportunidad de examinar en detalle el caso de los "descuentos escalonados". Es un caso muy importante en el que los porcentajes no son aditivos, es decir, no se suman para dar el porcentaje total de descuento aplicable sobre el precio de venta normal.

En este capítulo examinaremos otros casos importantes en los que los porcentajes no son aditivos.

El negocio de mercadeo en multinivel de Samuel.

Samuel es un ingeniero informático, ex empleado de una importante compañía transnacional y está interesado en desarrollar una empresa de mercadeo en multinivel que distribuirá despensas a domicilio en su ciudad.

Utilizando una gran cantidad de datos de precios de diversos proveedores y datos estadísticos de ventas de productos de la canasta básica, Samuel ha determinado que el porcentaje promedio de utilidad bruta en este segmento del comercio es del 28 %.

Ahora bien, como Samuel está pensando en desarrollar una red de mercadeo en multinivel, ha decidido ceder el 40% de su utilidad bruta a los promotores asociados de la red.

La primera pregunta que surge aquí es: ¿qué porcentaje del precio de venta le cederá la empresa de Samuel a la red de promotores?

La respuesta es que les cederá el 40% del 28% del precio de venta, es decir:

$$28\% * 0.4 = 11.2\%$$

Esto significa que la empresa de Samuel le cederá el 11.2% del precio de venta (P) de un producto a los promotores de la red de multinivel.

Pongamos las cosas en claro, un producto que la empresa de Samuel venda en $ 100.00, da una utilidad bruta de:

$$U = P * \%U$$

Que, en este caso es:

$$U = \$\,100.00 \times 28\,\%$$

$$= \$\,100.00 \times 0.28$$

$$= \$\,28.00$$

De los cuales, el 40 % es la comisión mercantil (CM) que deberá repartirse en la red de promotores, esto es:

$$CM = \$\,28.00 \times 40\,\%$$

$$= \$\,28.00 \times 0.40$$

$$= \$\,11.20$$

Claramente, esta comisión también la podemos calcular directamente del precio de venta (P), utilizando el factor porcentual que ya habíamos determinado:

$$CM = P * 11.20\,\%$$

$$CM = \$\,100.00 \times 11.20\,\%$$

$$= \$\,100.00 \times 0.112$$

$$= \$\,11.20$$

El restante 60 % de la utilidad bruta, en este caso:

$$\$\,28.00 \times 60\,\%$$

$$= \$\,28.00 \times 0.6$$

$$= \$\,16.80$$

Es lo que le corresponde a la empresa de Samuel. Claramente, también lo habríamos podido calcular como una simple resta:

$$\$\,28.00 - \$11.20 = \$16.80$$

Y, por supuesto, también podemos calcular el porcentaje del precio de venta que le corresponde a manera de utilidad a la empresa de Samuel, al que llamaremos porcentaje de utilidad de operación y lo identificaremos con el símbolo %UO. Así que:

$$\%UO = \%U * 0.6$$

$$= 28\,\% \times 0.6$$

$$= 16.8\,\%$$

Una vez establecidos estos parámetros del modelo de negocio de Samuel, este deberá decidir cómo repartir las comisiones mercantiles que les corresponde a los promotores de la red para que el negocio sea atractivo para todos.

Samuel ha establecido las siguientes reglas de operación de la red y pago de comisiones de su modelo de negocio en multinivel:

Regla 1. Cada promotor-afiliado puede invitar a afiliarse a la red a tantas personas como desee. A cada una de las personas que el afiliado invite, serán identificados como sus "afiliados directos" o, simplemente, "directos".

Regla 2. Los afiliados directos, de los afiliados directos de un promotor-afiliado serán reconocidos como afiliados en segundo nivel para ese promotor. Los que siguen, de tercer nivel y así sucesivamente.

Regla 3. Cada promotor-afiliado recibirá comisiones mercantiles por el consumo que realicen sus afiliados, hasta el quinto nivel, de acuerdo con la tabla siguiente.

Nivel de los afiliados	% de comisión que recibe un promotor sobre el consumo de cada afiliado en su red
1°	3.75%
2°	3.00 %
3°	2.25 %
4°	1.50 %
5°	0.70 %

Tabla 2. Comisiones mercantiles por nivel, para los asociados de la red de mercadeo en multinivel del negocio de Samuel.

Ahora, con su modelo de negocio ya armado, Samuel asiste a una reunión en la que presenta su propuesta de negocio, en busca de capital, a un grupo de empresarios e inversionistas.

Aunque se trata de inversionistas y empresarios con mucha experiencia, ninguno de ellos conoce a detalle el funcionamiento de los negocios de mercadeo en multinivel y algunos de ellos todavía sostienen el prejuicio de que este tipo de negocios son estafas Ponzi; de manera que uno de los retos de Samuel al exponer su modelo de negocio ante este grupo de inversionistas, es convencerlos de que el negocio es legítimo.

"Para simplificar nuestros cálculos, pensemos que cada afiliado realiza el mismo consumo cada mes y que todos los afiliados consumen la misma cantidad –propone Samuel, al momento de introducir el modelo de pago de comisiones a los afiliados–. Llamémosle a esa cantidad C. Es decir, que C es el consumo de cualquier promotor-afiliado en cualquier mes.

Y también para simplificar nuestros cálculos, supongamos que cada promotor-afiliado ha invitado a 5 promotores-afiliados, de manera que la red de cualquiera de ellos se vería así, hasta el 5° nivel (ver Ilustración 3, en la siguiente página):

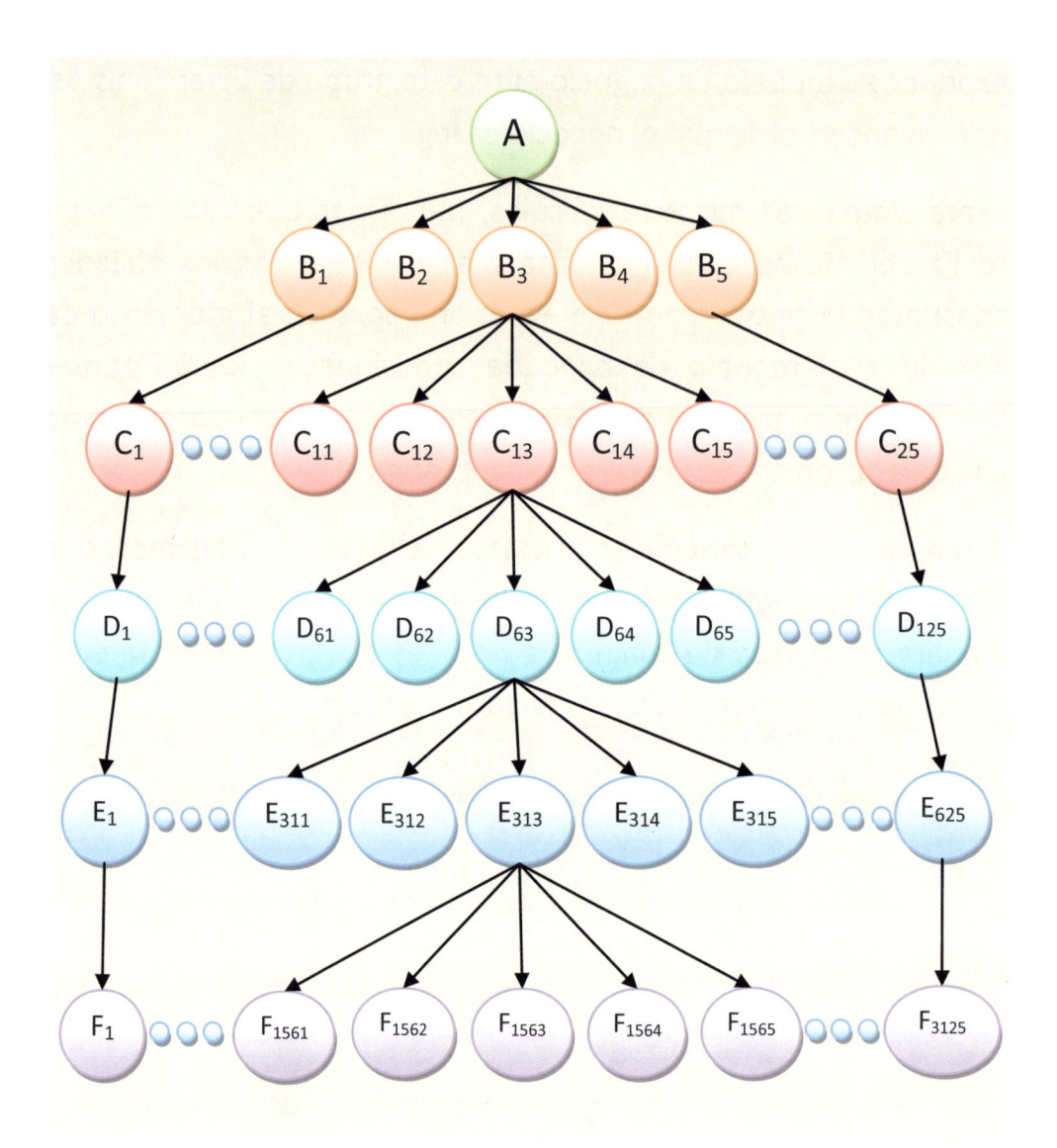

Ilustración 3. Representación gráfica de una red de multinivel en la que cada promotor-afiliado ha invitado a 5 promotores-afiliados. Los puntos suspensivos indican que faltan muchos elementos que no pueden incluirse en el gráfico por falta de espacio.

Podemos ver en la Ilustración 3 que cada nivel de la red ha sido identificado con una letra del alfabeto. En cada nivel, excepto el A, los afiliados se identifican con una letra que indica el nivel y un subíndice, que es un número entero consecutivo que sirve para contar el número de integrantes de ese nivel que contribuyen a las comisiones del promotor A.

El nivel del promotor, objeto de nuestro análisis, es el A. Sus afiliados directos o de primer nivel son identificados con una letra B, los afiliados a su red en el segundo nivel son identificados con la letra C, etc.

Nuestro análisis comienza con un cálculo del ingreso potencial del promotor A, una vez que su red se ha desarrollado como lo muestra la Ilustración 3.

Comisiones por consumos de afiliados directos (nivel B).

La Tabla 2 indica que del consumo de cada uno de sus 5 afiliados directos (nivel B), el promotor A cobrará el 3.75%. La pregunta es ¿cuánto cobrará de comisiones el promotor A por los consumos de sus afiliados directos?

Haremos el cálculo y, de paso, demostraremos que si A cobra el 3.75% del consumo de cada uno de sus afiliados directos, entonces cobrará el 3.75% del consumo total de ese nivel. Es decir, que en este caso, los porcentajes no son aditivos.

Llamémosle CM_1 a la comisión que recibe el promotor A por el consumo de su afiliado B_1, CM_2 a la comisión que recibe por el consumo de su afiliado B_2 y así sucesivamente. Entonces, la comisión mercantil CM_B, que recibirá el promotor A por el consumo de todos sus afiliados directos (nivel B) es:

$$CM_B = CM_1 + CM_2 + CM_3 + CM_4 + CM_5$$

Pero, como hemos supuesto que cada uno de sus afiliados directos realiza un consumo C al mes, del cual, el promotor A recibe por concepto de comisión mercantil el 3.75 %, esto es que:

$$CM_i = C * 3.75\%$$

Para cualquier sub índice i del 1 al 5. Entonces, podemos sustituir esta última igualdad en la ecuación anterior, para obtener:

$$CM_B =$$

$$C * 3.75\% + C * 3.75\% + C * 3.75\% + C * 3.75\% + C * 3.75\%$$

Si factorizamos el factor porcentual, tenemos que:

$$CM_B = (C + C + C + C + C) * 3.75\,\%$$

Esto es:

$$CM_B = 5C * 3.75\,\%$$

Pero, resulta que $5C$ es el consumo total del nivel B, al que llamaremos C_{TB}. Por lo tanto, podemos escribir la fórmula anterior como:

$$CM_B = C_{TB} * 3.75\,\%$$

Sólo para asentar ideas, supongamos que el monto del consumo mensual de cada afiliado es:

$$C = \$\,3{,}000.00$$

Entonces:

$$C_{TB} = 5 \times \$\,3{,}000$$

$$= \$\,15{,}000.00$$

Y:

$$CM_B = \$\,15{,}000.00 \times 3.75\,\%$$

$$= \$\,15{,}000 \times 0.0375$$

$$= \$\,562.50$$

Esto es, que nuestro promotor A ganará $ 562.50 por concepto de comisiones mercantiles generadas por el consumo total de sus afiliados directos.

¿Y qué pasa con el siguiente nivel?

En el siguiente nivel cada uno de los 5 afiliados directos de A ha invitado a 5 personas, de manera que tenemos un total de 25 afiliados, cada uno realizando un consumo mensual C, del cual, nuestro promotor A cobrará una comisión mercantil del 3.0 %, de acuerdo con la Tabla 2.

Esto significa que, en el nivel C, la comisión mercantil CM_i por cada afiliado será:

$$CM_i = C * 3.0\ \%$$

Y la comisión mercantil total CM_C, del nivel C, está dada por:

$$CM_{TC} = CM_1 + CM_2 + \cdots + CM_{25}$$

O bien:

$$CM_{TC} = \underbrace{C * 3.0\ \% + C * 3.0\ \% + \cdots + C * 3.0\ \%}_{25\ \text{sumandos}}$$

Factorizando el porcentaje, la fórmula anterior queda:

$$CM_{TC} = (\underbrace{C + C + \cdots + C}_{25\ \text{sumandos}}) * 3.0\ \%$$

Y, sumando dentro del paréntesis:

$$CM_{TC} = 25 * C * 3.0\ \%$$

En donde 25*C es el consumo total C_{TC} del nivel C:

$$C_{TC} = 25 * C$$

Por lo que, la fórmula anterior también se puede escribir como:

$$CM_{TC} = C_{TC} * 3.0\,\%$$

Otra vez, si el promotor A recibe el 3.0 % del consumo individual de cada uno de sus afiliados en el nivel C, recibirá el 3.0 % del consumo total de sus afiliados en ese nivel. De nuevo, los porcentajes no son aditivos.

Al igual que en el nivel anterior, vamos a suponer que el consumo C de cada uno de los afiliados en este nivel es de $ 3,000.00 mensuales. Por lo que, el consumo total C_{TC} en este nivel es:

$$C_{TC} = 25 * \$\,3{,}000.00$$

$$= \$\,75.000.00$$

Y la comisión que obtendría nuestro promotor A por los consumos de sus afiliados en el nivel C es:

$$CM_{TC} = \$\,75{,}000.00 * 3.0\,\%$$

$$= \$\,75{,}000.00 * 0.03$$

$$= \$\,2{,}250.00$$

Esto es, que de los consumos de sus afiliados en el nivel C, nuestro promotor A recibiría $ 2,250.00 al mes.

Ya podemos observar un patrón repetitivo aquí, en el siguiente nivel tenemos 5 afiliados por cada uno de los 25 afiliados del nivel anterior, de manera que, el número de afiliados en el 3° nivel (nivel D), serán:

$$N°\ afiliados\ 3er\ nivel = 25 \times 5$$

$$= 125\ afiliados$$

Para obtener el número de afiliados de cada nivel, a partir del segundo, multiplicamos el número de afiliados del nivel anterior por 5. Así, en el nivel 1 teníamos 5 afiliados; en el 2, teníamos 5*5 = 25; en el 3, 5*25 = 5*5*5 = 125 y, en general, tenemos que el número de afiliados en el nivel n es:

$$No.\,afiliados\ en\ nivel\ n = 5^n$$

En este caso (nivel 3 ó D), tenemos que el número de afiliados es:

$$No.\,afiliados\ en\ nivel\ 3 = 5^3$$

$$= 125\ afiliados$$

Esto significa que el consumo total CTD en este nivel es:

$$C_{TD} = C * 125$$

Y si utilizamos el mismo valor de C = $ 3,000.00, como en los casos anteriores, tenemos que:

$$C_{TD} = \$\,3,000.00 * 125$$

$$= \$\,375,000.00$$

Y la comisión mercantil CM_D que el promotor A cobrará por los consumos de todos los afiliados de este nivel, como ya sabemos, es el mismo porcentaje que gana por el consumo de uno de los afiliados, pero multiplicado por el consumo de todos los afiliados del nivel. Así que:

$$CM_D = \$\,375,000.00 \times 2.25\,\%$$

$$CM_D = \$\,375,000.00 \times 0.0225$$

$$= \$\,8,437.50$$

Esto es que, por los consumos de sus afiliados en el tercer nivel o nivel D, nuestro exitoso promotor A cobra una comisión mensual de $ 8,437.00."

Llegados a este punto de la explicación, uno de los empresarios, el más conservador, salta de su asiento y le dice a Samuel con voz alterada:

"Pero, ¿acaso te has vuelto loco? El promotor A le compra a tu empresa $ 3,000.00 mensuales de despensa y tú le vas a pagar comisiones mercantiles por $ 562.50 + $ 2,250 + $8,437.50, esto es… $ 11,250.00. ¿Sabes a dónde va a llevar eso a tu empresa? ¡A la quiebra inmediata!"

"Todavía no terminamos con los cálculos —responde Samuel con aplomo y paciencia—. Nos faltan dos niveles más."

"¡Pues más a mi favor! —Responde ya muy alterado el empresario—. Todavía le vas a pagar más dinero, que va a resultar, seguramente, mucho más dinero del que te consume. Tu modelo de negocio no tiene sentido."

Samuel, con mucha seguridad toma de nuevo la palabra y le dice al empresario: "Sólo le pido que me ponga atención hasta el final de la exposición, para que logremos un entendimiento claro y completo del modelo de negocio."

El empresario, que se había puesto de pie para desahogar mejor su descontento, volvió a tomar asiento y escuchó con atención a Samuel, quien no parecía perder un ápice de seguridad en sí mismo.

"Bien, continuemos los cálculos. Ya no repetiré los mismos argumentos, porque ya ha quedado claro que es un patrón que se repite, en el que sólo cambian dos cosas: el número de afiliados que hay en un nivel determinado y el porcentaje de comisión aplicable sobre su consumo.

Así, tenemos que para el 4° nivel, el número de afiliados es:

$$No.\,afiliados\ 4°\ nivel = 5^4$$

$$= 625\ afiliados$$

Y el consumo total C_{TE} es:

$$C_{TE} = \$\,3{,}000.00 \times 625$$

$$= \$\,1'875{,}000.00$$

Y, sobre esa cantidad, el promotor A recibirá, de acuerdo con la Tabla 2, el 1.5 % de comisiones mercantiles:

$$CM_E = \$\,1'875{,}000.00 \times 1.5\%$$

$$CM_E = \$\,1'875{,}000.00 \times 0.015$$

$$= \$\,28{,}125.00$$

Y, finalmente, en el nivel 5 (F), el número de afiliados es:

$$No.\,afiliados\ 5°\ nivel = 5^5$$

$$= 3{,}125\ afiliados$$

El consumo total C_{TF} en este nivel sería:

$$C_{TF} = \$\,3{,}000.00 \times 3{,}125$$

$$= \$\,9'375{,}000.00$$

Y la comisión mercantil CM_F, que recibiría el promotor A por los consumos de los afiliados de este nivel F es, de acuerdo con la Tabla 2, el 0.7% del consumo total:

$$CM_F = \$\,9'375,000.00 * 0.70\,\%$$

$$CM_F = \$\,9'375,000.00 * 0.0070$$

$$= \$\,65,625.00$$

Así que, en una estructura como ésta de su red, nuestro promotor A recibiría un total de comisiones:

$$Comisiones\ totales = CM_B + CM_C + CM_D + CM_E + CM_F$$

Esto es:

$$Comisiones\ totales =$$

$$\$\,562.50$$

$$+\$\,2,250.00$$

$$+\$\,8,437.50$$

$$+\$\,28,125.00$$

$$+\$\,65,625.00$$

$$=\$\,105,000.00$$

Ahora podemos preguntarnos, ¿Y cuáles han sido las ventas de la compañía en este ejemplo?

Pues bien, las ventas totales o consumos totales C_T serían:

$$C_T = C_{TA} + C_{TB} + C_{TC} + C_{TD} + C_{TE} + C_{TF}$$

Esto es:

$$C_T =$$

$$\$\,3,000.00$$

$$+\$\,15,000.00$$

$$+\$\,75{,}000.00$$

$$+\$\,375{,}000.00$$

$$+\$\,1'875{,}000.00$$

$$\underline{+\$\,9'375{,}000.00}$$

$$=\$\,11'718{,}000.00$$

Es decir, que la comisión de $ 105,000.00 que le hemos pagado al promotor A, es apenas el 0.896 %, es decir, que no llega ni al 1% de los $ 11'718,000.00 de las ventas que el promotor A, ha generado para la compañía con su red."

"Sí, pero aún falta agregar el pago de comisiones a todos los demás promotores-afiliados, porque hasta donde he entendido, todos ganan comisiones mercantiles por los consumos de su red al igual que el promotor A, ¿cierto?" Inquiere con desconfianza Eleuterio, el empresario que no acaba de entender el modelo de negocio.

"¡Es correcto —exclama Samuel con aire de triunfo—! Pero vamos a ver cómo después de pagarles a todos los promotores afiliados de la red de nuestro ejemplo, los pagos de todas las comisiones nunca excederán el 11.20 % de las ventas totales.

Hay dos maneras de probar esto —postula Samuel, satisfecho de haber capturado la atención de Eleuterio—. La primera es hacer el cálculo a detalle de lo que ganaría cada uno de los promotores-afiliados restantes. La segunda es una solución mucho más elegante, que consiste en determinar la manera en que se pagan todas las comisiones posibles, aplicables a un consumo individual cualquiera en la red.

Vamos con la primera.

Ya hemos calculado lo que recibiría de comisiones el promotor A en esta configuración de la red en la que cada promotor afiliado invita a 5 personas directamente. Ahora, calcularemos el monto de las comisiones que se le deberán pagar a cada uno de los 5 promotores-afiliados del nivel B.

Para facilitar nuestro análisis, en todos los cálculos subsecuentes supondremos que toda la red es la que se muestra en la Ilustración 4.

Para determinar el monto de las comisiones que le corresponden a cada uno de los promotores-afiliados del nivel B, primero debemos determinar cuál es "su red", es decir qué porción de toda la red está debajo de un promotor determinado del nivel B.

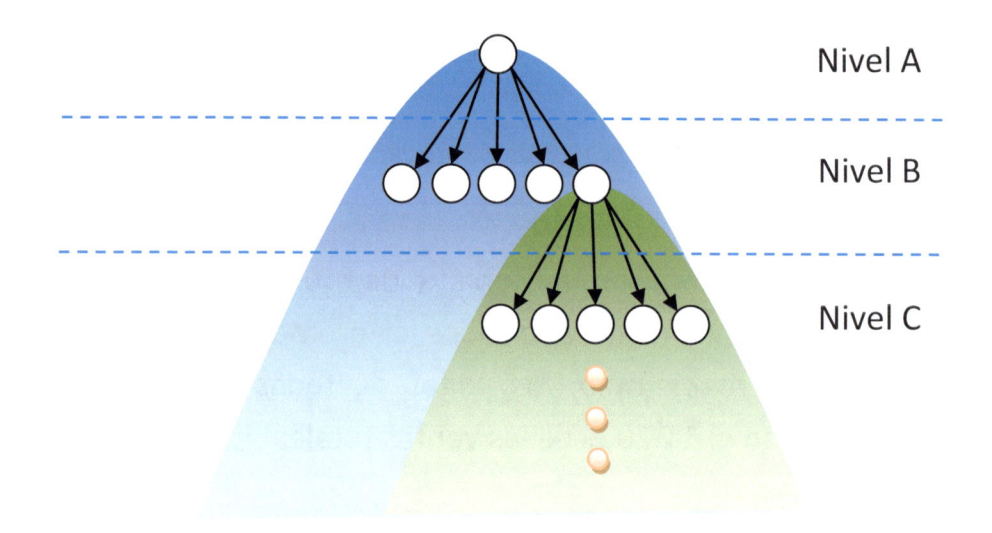

Ilustración 4. Sub red de un promotor-afiliado ubicado en el nivel B. Sus afiliados directos son 5 promotores-afiliados del nivel C, el resto de los promotores-afiliados del nivel C no están en su red.

Recordemos que la red es un grafo en forma de árbol, de manera que no hay manera de que un nodo tenga más de un "padre"; aunque, por supuesto, cada nodo padre puede tener varios "hijos" (en este caso, 5) y no hay conexiones laterales. En la Ilustración 4, podemos ver una representación gráfica de este hecho.

Puesto que estamos suponiendo que la totalidad de la red llega al nivel F, un promotor del nivel B tendrá debajo de sí:

- 5 promotores del nivel C
- 25 promotores-afiliados del nivel D
- 125 promotores-afiliados del nivel E
- 625 promotores afiliados del nivel F

Esto nos da un total de 781 promotores-afiliados (incluido el propio promotor del nivel B). Cada promotor consume $ 3,000.00, de manera que el consumo total de la red de un promotor-afiliado de nivel B es:

$$\$ 3,000.00 \times 781 = \$ 2'343,000.00$$

Pero nos interesa el cálculo de las comisiones que habrá de cobrar un promotor-asociado de nivel B. Para calcular las comisiones, debemos utilizar de nuevo los porcentajes de comisión de la Tabla 2, pero realizando un ajuste, porque estamos comenzando en el nivel B, en lugar del nivel A, de manera que la comisión que se le paga al promotor A por sus afiliados directos (del Nivel B), ahora será el porcentaje de comisión que se le pague al promotor del Nivel B por sus afiliados directos (del nivel C) y así sucesivamente.

Ello nos lleva a que las comisiones que le corresponde cobrar al promotor-afiliado del nivel B, por cada nivel debajo de él, sean las que se muestran en la Tabla 3.

Nivel	Porcentaje de comisión aplicable	No. de Promotores-afiliados	Consumo del nivel	Comisiones
C	3.75%	5	$ 15,000.00	$ 562.50
D	3.00%	25	$ 75,000.00	$ 2,250.00
E	2.25%	125	$ 375,000.00	$ 8,437.50
F	1.50%	625	$ 1'875,000.00	$ 28,125.00
	TOTALES:	780	$ 2'340,000.00	**$ 39,375.00**

Tabla 3. Cálculo de las comisiones mercantiles que le corresponde cobrar a cada uno de los 5 promotores del nivel B

Y recordemos que en nivel B hay 5 promotores, de manera que la cantidad total de comisiones que les serán pagadas a los promotores del nivel B son:

$$Total\ de\ comisiones\ en\ el\ nivel\ B = \$\ 39{,}375.00 \times 5$$

$$= \$\ 196{,}875.00$$

Hagamos los mismos cálculos para cada uno de los 25 promotores del nivel C –dice con entusiasmo Samuel, al ver que sus detractores se están convenciendo poco a poco–. Debajo de cualquiera de los 25 promotores-afiliados del nivel C, ya sólo quedan promotores de los niveles D, E y F, agrupados de la siguiente manera:

- 5 promotores-afiliados del nivel D
- 25 promotores-afiliados del nivel E
- 125 promotores afiliados del nivel F

Lo que nos da un total de 156 promotores-afiliados (incluido el propio promotor-afiliado del nivel C, que está a la cabeza de esta sub red).

Por lo tanto, el consumo total de la red de un promotor-afiliado del nivel C es:

$$\$\,3{,}000.00 \times 156 = \$468{,}000.00$$

Y las comisiones, después de realizar el debido ajuste a la tabla de comisiones, son las que se muestran en la Tabla 4.

Nivel	Porcentaje de comisión aplicable	No. de Promotores-afiliados	Consumo del nivel	Comisiones
D	3.75%	5	$ 15,000.00	$ 562.50
E	3.00%	25	$ 75,000.00	$ 2,250.00
F	2.25%	125	$ 375,000.00	$ 8,437.50
	TOTALES:	155	$ 465,000.00	**$ 11,250.00**

Tabla 4. Cálculo de comisiones correspondientes a cada uno de los 25 promotores-afiliados del nivel C.

Y, como sabemos, en el nivel C hay 25 promotores-afiliados, cada uno de los cuales cobrará comisiones por $ 11,250.00, de manera que el total de comisiones a pagar en el nivel C, será:

$$Total\ de\ comisiones\ en\ el\ nivel\ C = \$11{,}250.00 \times 25$$

$$= \$\,281{,}250.00$$

Y para cada uno de los 125 promotores-afiliados del nivel D, sólo restan dos niveles debajo, de manera que los promotores-afiliados a sus respectivas redes están agrupados de la siguiente manera:

- 5 promotores-afiliados del nivel E
- 25 promotores-afiliados del nivel F

Y la tabla de comisiones es la siguiente.

Nivel	Porcentaje de comisión aplicable	No. de Promotores-afiliados	Consumo del nivel	Comisiones
E	3.75%	5	$ 15,000.00	$ 562.50
F	3.00%	25	$ 75,000.00	$ 2,250.00
	TOTALES:	30	$ 90,000.00	**$ 2,812.50**

Tabla 5. Cálculo de comisiones que deberá pagarse a cada uno de los 125 promotores del nivel D.

Y, puesto que hay 125 promotores-afiliados en el nivel D, la cantidad total de comisiones a pagar en el nivel D es:

$$Total\ de\ comisiones\ del\ nivel\ D = \$\ 2{,}812.50 \times 125$$

$$= \$\ 351{,}562.50$$

Y, finalmente, la última línea de promotores-afiliados que cobraría comisiones mercantiles es el nivel E, puesto que los promotores del nivel F no tienen afiliados debajo de ellos.

En el nivel E tenemos 625 promotores-afiliados, cada uno de los cuales tiene debajo de sí solamente 5 promotores-afiliados, cada uno de los cuales consume $ 3,000.00 al mes, por lo que el consumo total de la sub-red de cada promotor-afiliado del nivel E es:

$$6 \times \$\ 3{,}000.00 = \$\ 18{,}000.00$$

Eso incluye al propio promotor-afiliado del nivel E y a sus 5 afiliados del nivel F.

En cuanto a las comisiones que se le pagarían a un promotor-afiliado del nivel E, la Tabla 6 muestra el cálculo de estas comisiones.

Nivel	Porcentaje de comisión aplicable	No. de Promotores-afiliados	Consumo del nivel	Comisiones
F	3.75%	5	$ 15,000.00	$ 562.50
	TOTALES:	5	$ 15,000.00	**$ 562.50**

Tabla 6. Cálculo de comisiones que deberá pagarse a cada uno de los 625 promotores del nivel E

Y puesto que en el nivel E tenemos 625 promotores-afiliados, cada uno de los cuales cobrará $ 562.50, el total de comisiones a pagar en este nivel es:

$$Total\ de\ comisiones\ del\ nivel\ E = \$\ 562.50 \times 625$$

$$= \$\ 351,562.50$$

Ya estamos en condiciones de saber cuánto dinero en total tendrá que pagar la compañía por concepto de comisiones mercantiles a los promotores-afiliados de una red configurada como la de nuestro ejemplo, en la que cada promotor-afiliado ha invitado a otros 5 promotores-afiliados.

El cálculo, que se muestra en la Tabla 7, se reduce a sumar todas las comisiones que la compañía deberá pagar a los promotores de cada nivel y que previamente hemos calculado.

Una vez realizado el cálculo de todas las comisiones que la compañía deberá pagar a sus promotores-afiliados, podemos comparar esta cantidad, contra el consumo mensual total de la red, para determinar qué porcentaje de los ingresos totales estaría cediendo la compañía a sus promotores-afiliados.

Nivel	Total de comisiones a pagar en el nivel:
A	$ 105,000.00
B	$ 196,875.00
C	$ 281,250.00
D	$ 351,562.50
E	$ 351,562.50
TOTAL:	$ 1'286,250.00

Tabla 7. Cálculo del total de comisiones que pagará la compañía a sus promotores-afiliados por concepto de comisiones mercantiles.

Recordemos que el consumo total de la red ya lo hemos calculado también previamente, es de $ 11'718,000.00. De manera que el porcentaje de los ingresos totales que la compañía cederá a los promotores-asociados en esta configuración de la red es:

Porcentaje de comisiones en relación a los ingresos totales:

$$= \frac{Comisiones\ totales\ a\ pagar}{Ingresos\ totales} \times 100\ \%$$

$$= \frac{\$\ 1'286,250.00}{\$\ 11'718,000.00} \times 100\%$$

$$= 10.98\ \%$$

Y, por otra parte, sabemos que el porcentaje de utilidad bruta de la compañía es del 28.0 % de los ingresos totales, que en este caso nos da una utilidad bruta de:

$$U = \$\ 11'718,000.00 \times 28\ \%$$

$$= \$\ 3'281,040.00$$

De manera que, en relación con la utilidad bruta, el porcentaje de comisiones es:

Porcentaje de la U que se pagará como comisiones:

$$= \frac{Total\ de\ comisiones\ a\ pagar}{Utilidad\ bruta} \times 100\ \%$$

$$= \frac{\$\ 1'286,250.00}{\$\ 3'281,040.00} \times 100\ \%$$

$$= 39.2\ \%$$

Es decir, que está dentro del límite del 40 % de las utilidades brutas, que hemos planeado ceder a los promotores-afiliados a la red de multinivel." Concluye satisfecho Samuel esta parte de su ponencia.

La mayoría de los asistentes ha quedado satisfecha con la profusa explicación de Samuel; no así Eleuterio, que aún cuando reconoce que todo lo expuesto por Samuel es correcto, todavía tiene objeciones qué plantear.

"A ver, Samuel –dice Eleuterio, con un tono casi beligerante–, me parece que aquí hay algún truco. Mañosamente pusiste como ejemplo una "configuración de la red", como tú la llamas, que termina en el 6° nivel, después de eso ya no hay promotores-afiliados y por esa razón cada promotor del nivel B cobra menos comisiones que el promotor del nivel A, y cada promotor del nivel C cobra menos comisiones que cualquiera del nivel B y así sucesivamente, hasta que los 3,125 promotores-afiliados del nivel F ya no cobran ni un peso de comisiones, porque no tienen afiliados debajo de ellos.

Yo me pregunto, ¿qué pasaría si la red tiene muchos más niveles y cada promotor-afiliado en la red puede cobrar tantas comisiones como las que, en este caso, cobra el promotor-afiliado del nivel A?"

"Es una pregunta muy interesante –responde Samuel con la serenidad de quien tiene el control total de la situación–. ¿Recuerdan que les dije que había dos maneras de calcular el total de las comisiones que pagaríamos a los promotores-afiliados? Bueno, la respuesta a tu pregunta está en una generalización de la segunda manera de hacer ese cálculo y eso es justamente lo que vamos a hacer ahora.

Pero, primero, hagamos un par de consideraciones importantes sobre cómo afecta la configuración de la red al pago de comisiones. Consideremos, por ejemplo, una red formada solamente por 6 promotores-afiliados dispuestos en la configuración que muestra la Ilustración 5.

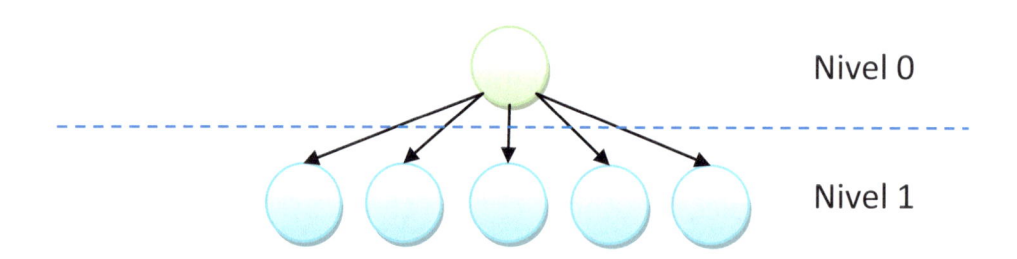

Ilustración 5. Red "horizontal" o "plana" de 6 promotores-afiliados con sólo dos niveles. Un solo promotor-afiliado está en el nivel 0 y los 5 restantes son sus afiliados directos.

Nos interesa saber cuánto habrá de pagar la compañía en comisiones a una red con esta configuración. Para ello, utilizaremos los mismos parámetros de consumo ($ 3,000.00 mensuales por cada promotor asociado) y los mismos porcentajes de comisión que hemos estado utilizando.

Pues bien, claramente el consumo de esta red es:

$$Consumo\ total = 6 \times \$\,3{,}000.00$$

$$= \$\,18{,}000.00$$

Pero, el único que puede cobrar comisiones en esta configuración de la red es el promotor-afiliado del nivel 0, pues los demás no tienen promotores-afiliados debajo de ellos. Las comisiones que le corresponde cobrar al promotor-afiliado del nivel 0, son:

$$Comisiones\ del\ promotor\ de\ nivel\ 0$$

$$= Consumo\ total\ de\ sus\ afiliados\ directos * 3.75\,\%$$

$$= \$\,15{,}000 \times 3.75\,\%$$

$$= \$\,562.50$$

Eso significa que, del total de los ingresos, las comisiones a pagar son:

$$Porcentaje\ de\ comisiones\ a\ pagar\ en\ relación\ a\ los\ ingresos$$

$$= \frac{Comisiones\ totales}{Ingresos\ totales} \times 100\,\%$$

$$= \frac{\$\,562.50}{\$\,18{,}000.00} \times 100\,\%$$

$$= 3.125\,\%$$

Es claro que si hubiera más afiliados en el nivel 1, no importa cuántos, el porcentaje a pagar de comisiones siempre será menor a 3.75 %. Mientras más promotores-afiliados haya en el nivel 1, en esta configuración de sólo 2 niveles, más cerca estará el porcentaje de comisiones a pagar al 3.75 %. Pero, en todo caso, los porcentajes no son aditivos, es decir, que si tenemos 10 promotores-afiliados en el nivel 1, sobre cada uno de los cuales, el promotor del nivel 0 cobrará el 3.75 %, eso significa que cobrará el 3.75 % del consumo total de ellos, no importa cuántos sean Esto es, que el porcentaje se conserva o es constante, de hecho, es el 3.75% en relación al consumo del nivel 1 de la red.

Lo mismo pasaría si tuviéramos otros niveles, el porcentaje de pago de comisiones en cada nivel es una constante.

Ahora, examinemos lo que pasa cuando tenemos el mismo número de promotores-afiliados, pero con una configuración totalmente "vertical", como la que se muestra en la Ilustración 6.

En la Ilustración 6 (página siguiente) se puede ver la red "vertical" con sólo 6 promotores, uno por cada nivel del 0 al 5.

La misma red se muestra 5 veces para ilustrar las comisiones (en porcentaje) que cobrará cada promotor-afiliado en su correspondiente nivel.

Así, por ejemplo, en la columna a, se puede ver que el promotor-afiliado del nivel 0 recibirá el 3.75 % del consumo del promotor-afiliado del nivel 1, el 3% del consumo del promotor-afiliado del nivel 2, el 2.25 % del consumo del promotor-afiliado del nivel 3, el 1.5 % del consumo del promotor-afiliado del nivel 4 y el 0.7 % del consumo del promotor-afiliado del nivel 5.

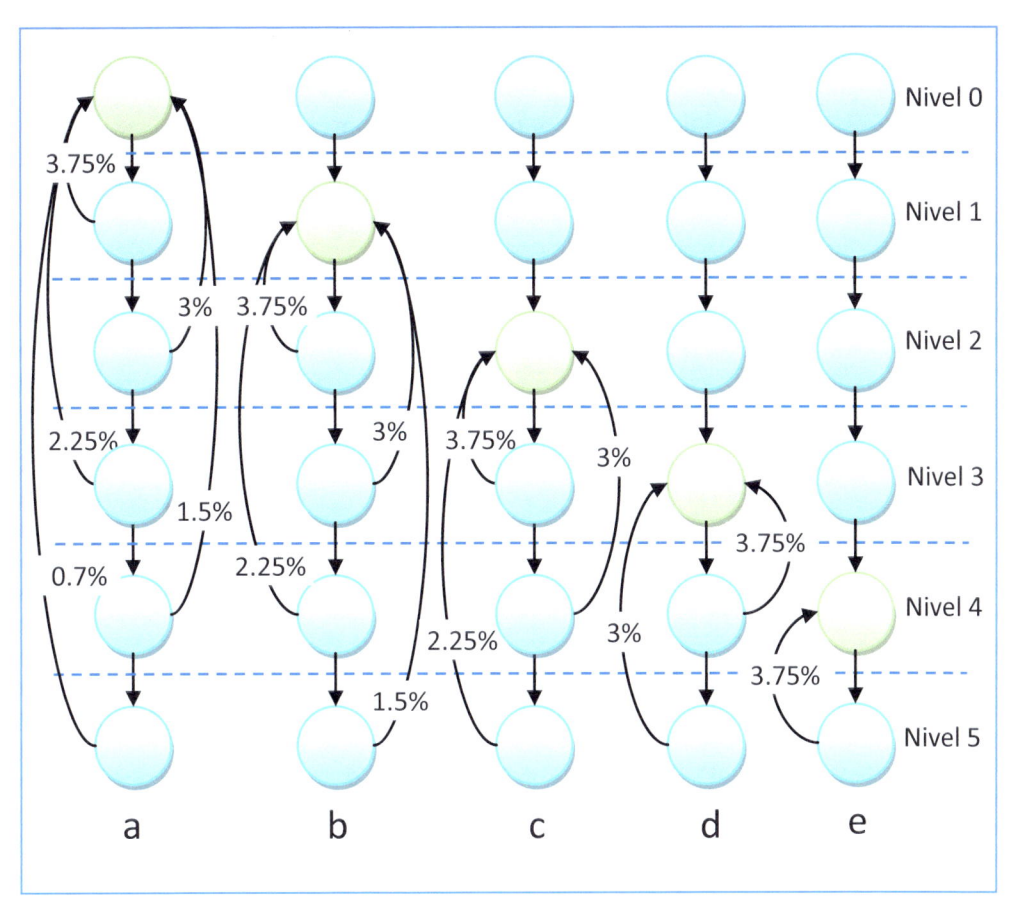

Ilustración 6. Diagrama de porcentajes de comisiones en una red de configuración "vertical". En la columna a se muestran los porcentajes de comisiones que recibirá el promotor del nivel 0, en la columna b los porcentajes de comisiones que le corresponde cobrar al promotor de nivel 1 y así sucesivamente.

La columna b muestra las comisiones que recibirá el promotor-afiliado del nivel 1, la c muestra las comisiones que recibirá el promotor-afiliado del nivel 2, la d muestra las comisiones que recibirá el promotor-afiliado del nivel 3 y la e muestra las comisiones que recibirá el promotor del nivel 4.

El cálculo de todas estas comisiones sumadas se muestra en la Tabla 8.

Promotor del nivel:	Niveles de los que recibe comisión					Comisiones totales:
	1	2	3	4	5	
0	$ 112.50	$ 90.00	$ 67.50	$ 45.00	$ 21.00	$ 336.00
1		$ 112.50	$ 90.00	$ 67.50	$ 45.00	$ 315.00
2			$ 112.50	$ 90.00	$ 67.50	$ 270.00
3				$ 112.50	$ 90.00	$ 202.50
4					$ 112.50	$ 112.50
Comisiones totales a pagar en la red "vertical" de 6 asociados:						$ 1,236.00

Tabla 8. Comisiones mensuales a pagar a cada promotor-asociado en una red "vertical" de sólo 6 promotores-asociados. Las comisiones se basan en el supuesto de que cada promotor-asociado consume $ 3,000.00 mensuales.

Ahora ya podemos calcular qué porcentaje de los ingresos totales es esta comisión:

Porcentaje de comisiones a pagar en relación a los ingresos

$$= \frac{Comisiones\ totales}{Ingresos\ totales} \times 100\ \%$$

$$= \frac{\$\ 1{,}123.00}{\$\ 18{,}000.00} \times 100\ \%$$

$$= 6.24\ \%$$

Como podemos ver, la configuración de la red importa mucho para el porcentaje de comisiones que la compañía deberá pagar a los promotores-asociados, pues mientras que en una red horizontal (o plana) de 6 personas, el único que cobra comisiones es el promotor del nivel 0, y esto da lugar a que el porcentaje de los ingresos totales que se destinará al pago de comisiones será de sólo el 3.125 %; en una red vertical, con el mismo número de promotores-asociados y, por lo tanto, con el mismo consumo total, pero ordenados en forma vertical, el porcentaje de los ingresos que se destinará al pago de comisiones es el 6.24 %, prácticamente el doble.

Bien, ya estamos en condiciones de demostrar que el máximo porcentaje de los ingresos que la compañía deberá destinar al pago de comisiones a todos los promotores-asociados es el 11.20 %.

Para ello, imaginemos que tenemos una red inmensamente grande en la que cada promotor-asociado ha afiliado a muchos promotores directos.

Y de esa red vamos a escoger a un promotor-asociado cualquiera que esté en una posición de la red en la que haya muchos niveles debajo de él y muchos arriba, los suficientes en ambos casos para que "cualquier" promotor debajo de él o por encima de él pueda cobrar comisiones de todos los niveles permitidos.

Pues bien, la pregunta que debemos hacernos ahora en relación con este promotor-asociado que, recordemos, puede ser cualquiera de la red, es: ¿qué porcentaje del consumo de este promotor-asociado va a destinar la compañía al pago de comisiones?

La respuesta a esta pregunta se muestra en la Ilustración 7.

El círculo inferior (verde) representa a un promotor-afiliado "cualquiera" en la red de la empresa de Samuel. Cada flecha con su porcentaje marcado sobre ella, indica el porcentaje de comisión que deberá pagarse al afiliado del nivel al que apunta la flecha.

Como todos estos porcentajes son aplicados sobre el consumo del afiliado en cuestión (círculo verde), estos porcentajes son aditivos, es decir, se suman para dar el porcentaje total de comisiones que la compañía tendrá que pagar por el consumo del afilado representado por el círculo verde. Y puesto que este es "cualquier" promotor-afiliado, la compañía pagará el mismo porcentaje sobre el consumo de cualquier otro afiliado.

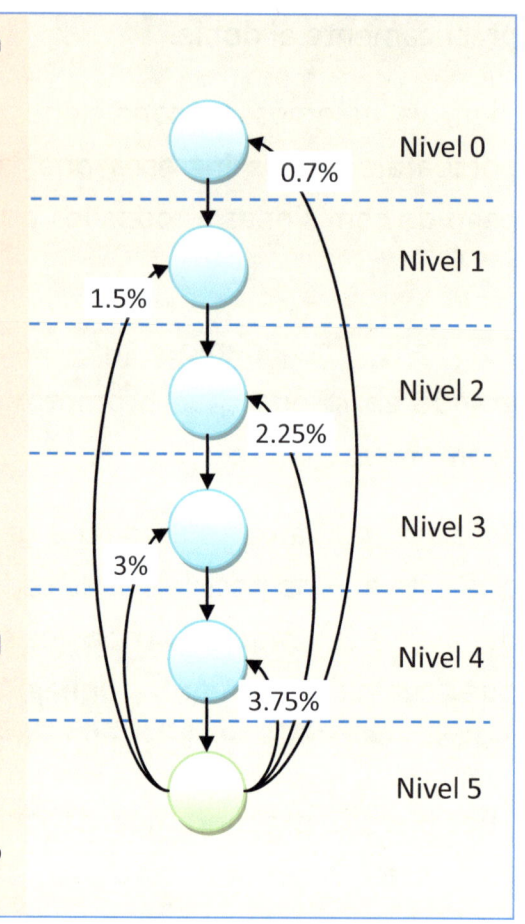

Ilustración 7. La totalidad de las comisiones aplicables al consumo de "cualquier" promotor-afiliado a la red del negocio de multinivel de Samuel.

Podemos ver en la Ilustración 7 que el total de comisiones que la compañía repartirá a los promotores-afiliados correspondientes, es la suma de todas las comisiones que se le aplican al consumo de un promotor-afiliado arbitrario. Esto es que, el máximo porcentaje de comisiones que la empresa pagará a sus promotores afiliados es:

$$\% \; máx. \, de \, comisiones \, a \, pagar =$$

$$= 3.75\,\% + 3.00\,\% + 2.25\,\% + 1.5\,\% + 0.7\,\%$$

$$= 11.2\ \%$$

A propósito hemos puesto entrecomillas la palabra "cualquier". Vamos a aclarar por qué. Pensemos en un promotor-afiliado que está en cualquiera de los niveles 0 al 4 de toda la red. Evidentemente, en cualquiera de estos casos, las comisiones aplicables no podrían ser tantas como las que muestra el diagrama de la Ilustración 7, pues eso requiere que arriba de ese promotor-afiliado existan cinco niveles. Entonces, lo que muestra el diagrama de la Ilustración 7 es "el peor caso posible" de pago de comisiones que puede enfrentar la compañía." Concluye con aire victorioso Samuel, retando con la mirada a Eleuterio, quien a pesar de que se ha ido quedando sin argumentos, aún conserva su espíritu combativo y arremete con una última ofensiva:

"Sí Samuel, pero ese porcentaje de comisiones lo vas a pagar por el consumo de un promotor-afiliado, pero también por el otro y por el otro ¡y por tooodos los demás promotores! Así que terminarás pagando más de lo que consuman en tu red." Concluye Eleuterio con un énfasis casi teatral.

"Así es, Eleuterio —reconoce Samuel con paciencia—, la compañía pagará el mismo porcentaje sobre el consumo de cualquier otro promotor-afiliado, pero en ese caso los porcentajes no son aditivos, porque se aplican sobre cantidades diferentes (los consumos de cada uno de todos los promotores-afiliados), de manera que el 11.2 % que hemos calculado para "el peor caso", se mantiene como una constante para el consumo total."

Como hemos podido ver en este muy resumido ejemplo del diseño de un negocio de comercio en multinivel, hay algunas circunstancias en las que tiene sentido sumar los porcentajes y otras en las que no.

A manera de conclusión, podemos decir que la regla general es que los porcentajes se suman (*i. e.*, son aditivos) para obtener un porcentaje total, solamente cuando se aplican sobre la misma cantidad; en cualquier otro caso, la regla bajo la que se combinan los porcentajes debe determinarse por métodos algebraicos, como en el caso que veremos enseguida.

El negocio de productos de limpieza de Águeda.

Águeda es una entusiasta emprendedora y propietaria de un pequeño negocio de venta de productos de limpieza a granel.

Ella compra sus productos, como el alcohol para desinfección o los detergentes para limpieza de pisos, para lavado de trastos, para limpieza de alfombras y sillones, para limpieza de cocinas, y para limpieza de baños, en tambos de 200 lts y usualmente vende esos productos en envases rellenables de 1, 2 y 4 lts.

Su local es muy pequeño, razón por la cual frecuentemente tiene que recurrir a estrategias para economizar espacio. Por ejemplo, cuando dos tambos de productos similares o equivalentes han disminuido su contenido, Águeda suele mezclarlos en un solo tambo para que ocupen menos espacio.

El problema es que los productos no siempre son exactamente equivalentes, pues aunque contienen los mismos componentes, podrían tener diferentes concentraciones. Esto suele ser así, porque Águeda tiene distintos proveedores para un mismo producto.

Recientemente, Águeda enfrentó el siguiente problema: tenía 85 lts de alcohol con una concentración de 35% de alcohol en volumen en un tambo y 110 lts del mismo alcohol, pero con una concentración de 50% de alcohol en volumen en otro tambo.

Águeda decidió mezclar las dos soluciones alcohólicas en un solo tambo para ahorrar espacio y ahora se pregunta: ¿cuál es la concentración de la mezcla?

Este es un ejemplo muy claro en el que los porcentajes no son aditivos, es decir, el porcentaje total del alcohol en volumen de la mezcla no es la suma de los porcentajes individuales, como veremos enseguida. Y la razón de esto ya la conocemos: cada porcentaje aplica sobre una cantidad diferente.

Por cierto, vale la pena cierta aclaración con respecto a lo que queremos decir con "cantidad diferente". Y de entrada, diremos que no se trata de que las cantidades sean numéricamente diferentes, sino que se refieran a medidas (o, incluso, valores adimensionales) atribuibles a diferentes personas, animales u objetos.

Para ser más claros, en el ejemplo del problema de Águeda, las cantidades de solución alcohólica en cada tambo podrían ser iguales, por ejemplo, cada una podría ser 100 lts de solución alcohólica, pero aún así serían dos cantidades de solución alcohólica diferentes y, por lo tanto, sus porcentajes de concentración alcohólica no son aditivos.

Pero, volvamos al problema de Águeda. Nos interesa determinar el porcentaje de alcohol en volumen que tendrá la mezcla de 85 lts al 35 % y 110 lts al 50%. La situación puede verse en la Ilustración 8.

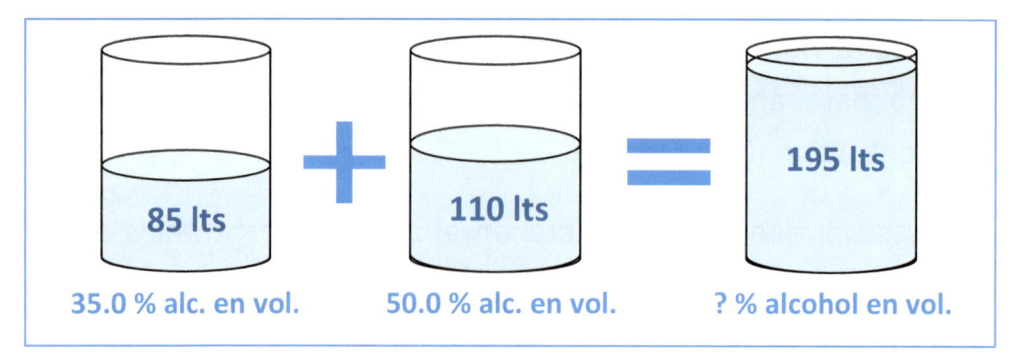

Ilustración 8. El problema de la mezcla de soluciones alcohólicas de Águeda.

Resolveremos primero el caso particular del problema de Águeda y después encontraremos una solución general por la vía del álgebra.

Primero, consideremos qué significa que una solución tenga una concentración del X % de alcohol en volumen. Significa, en términos de cálculo lo siguiente:

$$Concentración\ como\ pocentaje\ de\ alcohol\ en\ volumen =$$
$$= \frac{Volumen\ de\ alcohol}{Volumen\ total\ de\ la\ solución} \times 100\ \%$$

En el caso que nos ocupa, del problema de Águeda, tenemos que, para la solución del primer tambo:

$$\frac{Vol.\ de\ alcohol\ del\ tambo\ 1}{85\ lts} \times 100\ \% = 35.0\ \%$$

O bien:

$$\frac{Vol.\ de\ alcohol\ del\ tambo\ 1}{85\ lts} = 0.35$$

De donde, el volumen de alcohol contenido en el tambo 1 es:

$$Vol.\ de\ alcohol\ del\ tambo\ 1 = 0.35 \times 85\ lts$$

$$= 29.75\ lts$$

De la misma manera, podemos calcular el volumen de alcohol contenido en el tambo 2:

$$\frac{Vol.\ de\ alcohol\ del\ tambo\ 2}{110\ lts} \times 100\ \% = 50.0\ \%$$

O bien:

$$\frac{Vol.\ de\ alcohol\ del\ tambo\ 2}{110\ lts} = 0.50$$

De donde:

$$Vol.\ de\ alcohol\ del\ tambo\ 2 = 0.50 \times 110\ lts$$

$$= 55\ lts$$

Ahora bien, al hacer la mezcla, todo el alcohol contenido en los dos tambos va a dar a la mezcla, de manera que:

$$Concentración\ de\ la\ mezcla$$

$$= \frac{alcohol\ total\ presente\ en\ la\ mezcla}{volumen\ de\ la\ mezcla}$$

$$= \frac{vol.\ de\ alcohol\ 1 + vol.\ alcohol\ 2}{volumen\ de\ la\ mezcla} \times 100\%$$

$$= \frac{29.75\ lts + 55\ lts}{85\ lts + 110\ lts} \times 100\ \%$$

$$= \frac{84.75\ lts}{195\ lts} \times 100\ \%$$

$$= 43.46\ \%$$

Resumiendo: si mezclamos 85 lts de solución alcohólica a una concentración de 35 % de alcohol en volumen, con 110 lts de otra solución al 50 % de alcohol en volumen, el resultado es 195 lts de solución al 43.46% de alcohol en volumen. Claramente, los porcentajes no se han sumado para dar el porcentaje final de la solución mezclada.

De hecho, como podemos ver en este resultado, la concentración de la mezcla es un valor que está entre los valores de las concentraciones de las dos soluciones que se mezclaron, es decir:

$$35\,\% < 43.46\,\% < 50\,\%$$

Algunos podrán tener la tentación de proponer que la concentración de la mezcla es el promedio de las concentraciones de las soluciones que se mezclaron, pero podemos ver que en este caso no es así, pues el promedio entre las dos concentraciones intervinientes en la mezcla sería:

$$Promedio\ de\ las\ concentraciones$$
$$= \frac{concentración\ 1 + concentración\ 2}{2}$$
$$= \frac{35\,\% + 50\,\%}{2}$$
$$= 42.5\,\%$$

Como demostraremos enseguida, la fórmula para el cálculo de la concentración de la mezcla es más parecida a una medida estadística que se conoce como "media ponderada", que al promedio común que todos conocemos. Y, de hecho, esta media ponderada coincide con el promedio en el caso particular en el que los volúmenes de las soluciones que se mezclan son iguales, como veremos más adelante.

Para encontrar la solución general a este problema de Águeda, vamos a tener que hacer un poco de álgebra. El planteamiento general del problema es este: haremos una mezcla de dos soluciones: una, a la que llamaremos la solución 1, contiene un volumen S_1 de algún ingrediente disuelto en un volumen de solución V_1, lo que da una concentración C_1, y, la otra, a la que llamaremos solución 2, tiene un volumen S_2 del mismo ingrediente disuelto en un volumen de solución V_2, lo que da una concentración C_2 y. Al contenido total del soluto (ingrediente) en la mezcla lo llamaremos S_m. Y al volumen y a la concentración de la mezcla les llamaremos, respectivamente, V_m y C_m.

Entonces, atendiendo a la nomenclatura que acabamos de definir y a la definición de concentración, tenemos que:

$$C_1 = \frac{S_1}{V_1}$$

Y:

$$C_2 = \frac{S_2}{V_2}$$

Si despejamos las cantidades de soluto en ambas ecuaciones, tenemos que:

$$S_1 = C_1 * V_1 \quad y \quad S_2 = C_2 * V_2$$

Y, también por definición:

$$C_m = \frac{S_m}{V_m}$$

Pero resulta que:

$$S_m = S_1 + S_2 \quad y \quad V_m = V_1 + V_2$$

Así que:

$$C_m = \frac{S_1 + S_2}{V_1 + V_2}$$

Si sustituimos las fórmulas de S_1 y S_2 en esta última ecuación, tenemos que:

Ecuación 11. Fórmula para el cálculo de la concentración de una mezcla de dos soluciones.

$$C_m = \frac{C_1 * V_1 + C_2 * V_2}{V_1 + V_2}$$

En toda esta deducción hemos empleado coeficientes unitarios, pero si lo queremos en forma porcentual, basta con multiplicar por el 100%:

$$\%C_m = \frac{C_1 * V_1 + C_2 * V_2}{V_1 + V_2} \times 100\ \%$$

Ahora, estamos en condiciones de examinar algunos casos particulares de la Ecuación 11. Consideremos, por ejemplo, el caso en el que el volumen de las dos soluciones que se mezclan son iguales, es decir, el caso en el que:

$$V_1 = V_2$$

En este caso, podemos sustituir V_2 por V_1 (o viceversa) en la Ecuación 11, que se transformaría en:

$$C_m = \frac{C_1 * V_1 + C_2 * V_1}{V_1 + V_1}$$

En el numerador podemos factorizar V_1 y en el denominador podemos realizar la suma, lo que nos da:

$$C_m = \frac{(C_1 + C_2) * V_1}{2V_1}$$

Eliminamos el factor común V_1 en el numerador y el denominador y nos queda:

$$C_m = \frac{C_1 + C_2}{2}$$

Que es justamente la fórmula del promedio de dos cantidades. Pero nunca debemos olvidar que esto es válido solamente cuando los volúmenes de las soluciones que se mezclan son iguales.

Observemos que en ninguno de los casos que hemos examinado hasta el momento, los porcentajes (las concentraciones) se suman. El caso general se resuelve con la Ecuación 11 y, aún en el caso particular en el que los volúmenes de las soluciones que se mezclan sean iguales, la concentración (porcentaje) de la mezcla es el promedio de las concentraciones (los porcentajes).

Ahora examinemos el caso en el que las concentraciones (porcentajes) de las soluciones son iguales. Esto es, el caso en el que:

$$C_1 = C_2$$

SI sustituimos C_2 por C_1 en la Ecuación 11, ésta se transforma en:

$$C_m = \frac{C_1 * V_1 + C_1 * V_2}{V_1 + V_2}$$

Factorizamos C_1 en el numerador, para obtener:

$$C_m = \frac{C_1 * (V_1 + V_2)}{V_1 + V_2}$$

Ahora, cancelamos el factor común $(V_1 + V_2)$ en el numerador y el denominador y nos queda que:

$$C_m = C_1$$

Y como $C_1 = C_2$, entonces:

$$C_m = C_1 = C_2$$

Es decir, en el caso particular en el que las concentraciones (porcentajes) de las soluciones que se mezclan sean iguales, la concentración (porcentaje) de la mezcla es la misma que la de las soluciones, sin importar los volúmenes de cada una de las soluciones. Así que, incluso en este caso, los porcentajes (concentraciones) no se suman para obtener el porcentaje (concentración) final.

El portafolio de inversiones de José.

José es un inversionista muy cauteloso y siempre tiene su dinero distribuido en diferentes instrumentos de inversión para disminuir el riesgo.

Actualmente, José tiene invertido su dinero en dos fondos de inversión. El fondo A está formado principalmente por Certificados de la Tesorería de la Federación (CETES) y otros empréstitos paraestatales, es un fondo prácticamente de riesgo cero, pero de rendimiento moderado; su tasa de interés anual es del 10.7 %. El fondo B es un portafolio de inversión armado por una casa de bolsa integrando operaciones en la bolsa mexicana de valores (BMV) y la bolsa de Nueva York (NYSE), su rendimiento es variable, pero en los últimos dos años le ha proporcionado una tasa anual promedio del 17.8 %. En el fondo A tiene invertidos $ 200,000.00 y en el fondo B tiene invertidos $ 350,000.00.

Vamos a demostrar enseguida, que el rendimiento combinado que le producen los dos fondos de inversión se calcula con la misma fórmula que le permitió a Águeda, en el ejemplo anterior, calcular la concentración de la mezcla de las dos soluciones alcohólicas.

Nuestro objetivo es calcular la tasa de interés que le proporciona la combinación de los dos fondos de inversión y esta, por definición sería:

$$Tasa\ de\ interés\ \text{combinada} = \frac{Intereses\ totales\ generados\ por\ los\ dos\ fondos}{Capital\ total\ invertido}$$

Está claro que el capital total invertido C_T, es la suma de los capitales invertidos en cada uno de los fondos de inversión, a los que llamaremos C_1 y C_2, respectivamente, esto es:

$$C_T = C_1 + C_2$$

$$= \$\,200{,}000.00 + \$\,350{,}000.00$$

$$= \$\,550{,}000.00$$

Sólo nos resta determinar los intereses totales generados I_T, que también son la suma de los intereses I_1 e I_2, generados por cada uno de los fondos de inversión, es decir:

$$I_T = I_1 + I_2$$

En donde:

$$I_1 = \$\,200{,}000.00 \times 10.7\,\%$$

$$= \$\,21{,}400.00$$

Y:

$$I_2 = \$\,350{,}000.00 \times 17.8\,\%$$

$$= \$\,62{,}300.00$$

Entonces, la tasa de interés combinada i_T es:

$$i_T = \frac{\$\,21{,}400.00 + \$\,62{,}300.00}{\$\,550{,}000.00}$$

$$= 0.1522$$

O, en su forma porcentual:

$$i_T = 15.22\,\%$$

Así es que, la combinación de sus inversiones le proporciona a José una tasa de interés del 15.22 %.

Ahora, José ha recibido una oferta de una *fintech* que le ofrece un rendimiento del 60 % anual en un pagaré de plazo fijo de 12 meses. La oferta parece muy atractiva, pero le han advertido a José sobre el riesgo de invertir en una empresa de tecnología financiera de reciente creación.

Así las cosas, y después de evaluar sus opciones, José decide acudir a su amigo Luis Alberto, quien es un actuario graduado en la prestigiosa Facultad de Ciencias de la UNAM, para que le ayude a modificar su estrategia con dos objetivos en mente: 1) mantener el riesgo en un nivel aceptable, para lo cual mantendrá los $ 200,000.00 que tiene invertidos actualmente en CETES y empréstitos paraestatales garantizados por el gobierno federal y 2) aumentar el rendimiento de su dinero.

Luis Alberto escucha atentamente a su amigo José tratando de entender sus objetivos.

"Muy bien, José –comienza diciendo Luis Alberto–, para poder plantearte una estrategia adecuada a tus necesidades, necesito que definas con mayor precisión lo que quiere decir para ti "aumentar el rendimiento de tu dinero". Voy a ser más directo: ¿Qué tasa de interés te gustaría lograr combinando todos tus instrumentos de inversión?"

Después de pensar un poco en sus expectativas, José responde: "quisiera lograr una tasa de al menos el 25 %, pero no me gustaría incrementar mucho el riesgo, ya que si así fuera, optaría simplemente por la Fintech, que promete la tasa mayor."

"De acuerdo, José –responde en tono conciliador Luis Alberto–, te propongo, de entrada, que para mantener el riesgo casi sin cambio, no muevas el capital que tienes invertido en CETES y empréstitos paraestatales.

Y para lograr el objetivo de obtener una tasa del 25%, deberás desviar una parte de los $ 350,000.00 que tienes invertidos en la casa de bolsa, para invertirlos en la *Fintech*. Y lo que haremos enseguida es calcular qué cantidad deberás invertir en la *Fintech* para lograr este objetivo."

Antes de examinar la solución que Luis Alberto le propone a José, recordemos la fórmula que le ha permitido a José calcular el rendimiento combinado de sus dos fondos de inversión:

$$i_T = \frac{C_1 i_1 + C_2 i_2}{C_1 + C_2}$$

Esta fórmula puede fácilmente generalizarse para cualquier número de fondos de inversión, tomando en cuenta que la fórmula general es:

$$\text{Tasa de interés combinada} = \frac{\text{Intereses totales generados por todos los fondos}}{\text{Capital total invertido}}$$

Si en cada fondo invertimos un capital C_i a una tasa i_i, entonces los intereses I_i, generados por cada fondo están dados por:

$$I_i = C_i i_i$$

Y con esto es fácil ver que la fórmula general se transforma en:

Ecuación 12. Fórmula para calcular la tasa de rendimiento combinado de n inversiones cada una con su propio capital y tasa de interés.

$$i_T = \frac{C_1 i_1 + C_2 i_2 + \cdots + C_n i_n}{C_1 + C_2 + \cdots + C_n}$$

"Muy bien, José –dice Luis Alberto, al tiempo que empuña el bolígrafo y una calculadora de bolsillo–, la fórmula que determina la tasa de interés que quieres obtener es la Ecuación 12. Pero en este caso, sólo tenemos tres portafolios de inversión, así que nuestra fórmula se reduce a:

$$i_T = \frac{C_1 i_1 + C_2 i_2 + C_3 i_3}{C_1 + C_2 + C_3}$$

Y tu objetivo es que:

$$i_T = 0.25$$

Tomemos en cuenta que no vas a mover tu inversión en bonos gubernamentales, de manera que:

$$C_1 = \$\, 200{,}000.00$$

Y:

$$i_1 = 10.7\% = 0.107$$

Y nuestro propósito es que los $ 350,000.00 que actualmente tienes invertidos en la casa de bolsa, los repartirás entre esa casa de bolsa y la *Fintech*. Esto es, que:

$$C_2 + C_3 = \$\, 350{,}000.00$$

Y además, sabemos que:

$$i_2 = 17.8\,\% = 0.178$$

$$i_3 = 60\,\% = 0.6$$

Lo que ahora mismo no sabemos es el valor de C_2 y de C_3, pero sí sabemos que suman $ 350,000.00, por lo que al determinar el valor de uno, el del otro queda automáticamente determinado. Así que, lo que tenemos que hacer, es despejar la fórmula anterior para C_2 ó C_3 y luego sustituir los valores que conocemos:

Primero, multiplicamos ambos lados de la ecuación por el denominador que aparece del lado derecho:

$$(C_1 + C_2 + C_3)i_T = \frac{C_1 i_1 + C_2 i_2 + C_3 i_3}{C_1 + C_2 + C_3}(C_1 + C_2 + C_3)$$

En el lado derecho se elimina todo el denominador y del lado izquierdo aplicamos la propiedad distributiva de la suma y el producto para obtener:

$$C_1 i_T + C_2 i_T + C_3 i_T = C_1 i_1 + C_2 i_2 + C_3 i_3$$

Ahora, reagrupamos los términos, de tal manera que dejemos del lado izquierdo todos los términos que contienen a C_3:

$$C_3 i_T - C_3 i_3 = -C_1 i_T + C_1 i_1 - C_2 i_T + C_2 i_2$$

Además, sabemos que:

$$C_2 + C_3 = \$\, 350{,}000.00$$

De donde:
$$C_2 = \$\,350{,}000.00 - C_3$$

Si sustituimos esta última expresión de C_2 en la ecuación anterior, tenemos:

$$C_3 i_T - C_3 i_3 =$$
$$-C_1 i_T + C_1 i_1 - (\$\,350{,}000.00 - C_3) i_T + (\$\,350{,}000.00 - C_3) i_2$$

Si del lado derecho realizamos las multiplicaciones, otra vez atendiendo a la propiedad distributiva de la suma y el producto, tenemos:

$$C_3 i_T - C_3 i_3 =$$
$$-C_1 i_T + C_1 i_1 - \$\,350{,}000.00 * i_T + C_3 i_T + \$\,350{,}000.00 * i_2 - C_3 i_2$$

Ahora, volvemos a pasar los términos que contienen a C_3 del lado izquierdo, para obtener:

$$C_3 i_T - C_3 i_T + C_3 i_2 - C_3 i_3 =$$
$$= -C_1 i_T + C_1 i_1 - \$\,350{,}000.00 * i_T + \$\,350{,}000.00 * i_2$$

En el lado izquierdo de la ecuación reducimos términos semejantes y factorizamos C_3; en el lado derecho factorizamos los términos comunes, para obtener:

$$C_3(i_2 - i_3) = C_1(i_1 - i_T) + \$\,350{,}000.00(i_2 - i_T)$$

Ahora sí podemos finalmente despejar C_3, dividiendo ambos lados de la ecuación entre el factor que lo multiplica, para obtener:

$$C_3 = \frac{C_1(i_1 - i_T) + \$\,350{,}000.00(i_2 - i_T)}{i_2 - i_3}$$

Ya sólo nos queda sustituir los datos que tenemos (manejaremos las tasas en su forma de coeficientes unitarios):

$$C_3 = \frac{\$\,200{,}000.00 * (0.107 - 0.25) + \$\,350{,}000.00 * (0.178 - 0.25)}{0.178 - 0.6}$$

$$= \frac{-\$\,28{,}600.00 - \$\,25{,}200.00}{-0.422}$$

$$= \$\,127{,}488.15$$

Esto es, que para alcanzar tu objetivo de subir al 25% el rendimiento de tu portafolio mixto de inversión –explica triunfante Luis Alberto–, deberás invertir $ 127,488.15 en la *Fintech* que te proporciona el 60 % de rendimiento anual y dejar en el fondo de inversión de la casa de bolsa lo restante, esto es: $ 350,000.00 – $ 127,488.15 = $ 222,511.85, a la tasa del 17.8 %."

El portafolio de inversión de José, pude resumirse en la Tabla 9.

Fondo de inversión	Capital invertido	Tasa anual de rendimiento
Bonos gubernamentales	$ 200,000.00	10.7 %
Casa de bolsa	$ 222,511.85	17.8 %
Fintech	$ 127,488.15	60.0 %

Tabla 9. Resumen del portafolio mixto de inversiones de José, diseñado para mantener el riesgo en un nivel razonable y, al mismo tiempo, obtener un 25 % de rendimiento total anual.

Este es otro claro ejemplo en el que los porcentajes no son aditivos, esto es, que para obtener el porcentaje de rendimiento total, no sumamos los porcentajes de cada uno de los fondos de inversión que intervienen.

"Ahora –dice Luis Alberto, cargado de entusiasmo–, vamos a hacernos una pregunta interesante: ¿qué porcentaje de la inversión total es cada uno de los capitales invertidos en cada uno de los fondos? Veamos:

El porcentaje del capital C_1 invertido en los CETES y empréstitos paraestatales, en relación con el capital total invertido C_T, es:

$$\%C_1 = \frac{C_1}{C_T} * 100\,\%$$

$$= \frac{\$\,200{,}000.00}{\$\,550{,}000.00} \times 100\,\%$$

$$= 0.3636 \times 100\,\%$$

$$= 36.36\%$$

El porcentaje del capital C_2 invertido en el fondo de inversión de la casa de bolsa, en relación con el capital total invertido C_T, es:

$$\%C_2 = \frac{C_2}{C_T} * 100\,\%$$

$$= \frac{\$\,222{,}511.85}{\$\,550{,}000.00} \times 100\,\%$$

$$= 0.4046 \times 100\,\%$$

$$= 40.46\%$$

Y, finalmente, el porcentaje del capital C_3 invertido en la *Fintech*, en relación con el capital total invertido C_T, es:

$$\%C_3 = \frac{C_3}{C_T} * 100\,\%$$

$$= \frac{\$\,127{,}488.15}{\$\,550{,}000.00} \times 100\,\%$$

$$= 0.2318 \times 100\,\%$$

$$= 23.18\%$$

Ahora –dice Luis Alberto, con un aire de intriga–, tomemos estos porcentajes, pero expresados en su forma de coeficientes unitarios y multipliquémoslos por las tasas de interés que les corresponde a cada inversión (éstas, sí expresadas en su forma porcentual) y sumemos los productos, es decir, hagamos la siguiente operación:

$$\%C_1 * i_1 + \%C_2 * i_2 + \%C_3 * i_3 =$$

$$= 0.3636 * 10.7\,\% + 0.4046 * 17.8\,\% + 0.2318 * 60\,\%$$

$$= 25.00\,\%$$

¡Voilá! Lo que obtuvimos es nuestra tasa de rendimiento objetivo." Exclama triunfante Luis Alberto.

"¿Esto siempre resulta así o es pura coincidencia?" Pregunta intrigado José.

"Siempre es así –afirma con mucha seguridad Luis Alberto– y ahora mismo vamos a demostrar por qué.

Recordemos que la Ecuación 12 nos permite calcular la tasa de interés total de una mezcla de fondos de inversión. Y que, en este caso en particular, hemos utilizado la versión para sólo tres fondos de inversión, que es la siguiente:

$$i_T = \frac{C_1 i_1 + C_2 i_2 + C_3 i_3}{C_1 + C_2 + C_3}$$

De manera inmediata, podemos ver que el denominador es la inversión total, pues es la suma de los capitales invertidos en cada uno de los tres fondos, esto es, que:

$$C_1 + C_2 + C_3 = C_T$$

Así que la ecuación se transforma en:

$$i_T = \frac{C_1 i_1 + C_2 i_2 + C_3 i_3}{C_T}$$

Y ahora, simplemente separamos las tres fracciones con el denominador común, que es C_T, así:

$$i_T = \frac{C_1 i_1}{C_T} + \frac{C_2 i_2}{C_T} + \frac{C_3 i_3}{C_T}$$

Ahora, cada uno de los términos de la suma del lado derecho de la ecuación es un "producto de fracciones" que se pueden interpretar en la forma que están escritos (el producto de dos números dividido entre el denominador) o como el producto de cualquiera de los factores del numerador por el cociente del otro factor del numerador entre el denominador (ver el capítulo RAZONES Y PROPORCIONES). Entonces, la fórmula anterior, también se puede escribir como:

Ecuación 13. Fórmula para el cálculo de la tasa de interés resultante de la mezcla tres inversiones, cada una con su propio capital (C_i) y tasa de interés (i_i). Los coeficientes C_i/C_T representan la razón (coeficiente unitario) de cada inversión en relación con la inversión total.

$$i_T = \left(\frac{C_1}{C_T}\right) i_1 + \left(\frac{C_2}{C_T}\right) i_2 + \left(\frac{C_3}{C_T}\right) i_3$$

Si observamos los factores que aparecen entre paréntesis, son exactamente los porcentajes de cada uno de los capitales en relación con el capital total invertido, pero en su forma de coeficientes unitarios. Es decir, que la fórmula anterior describe exactamente las operaciones que acabamos de hacer para obtener la tasa de rendimiento de las tres inversiones combinadas, ¿estás de acuerdo, José?"

"¡Ah, claro! –Exclama José, visiblemente entusiasmado–. Los cálculos que hicimos son exactamente estos, es decir, que:

$$\frac{C_1}{C_T} = 0.3636;$$

$$\frac{C_2}{C_T} = 0.4046;$$

Y:

$$\frac{C_3}{C_T} = 0.2318$$

Y esos son exactamente los factores que utilizamos para multiplicar a las tasas de interés de cada uno de los fondos de inversión, ¿cierto?"

"Así es, José. Son factores que, aunque también podrían expresarse en forma de porcentajes, preferentemente los utilizaremos como coeficientes unitarios, porque en este caso aparecen multiplicando a porcentajes y así podemos evitar el conflicto que surge de tratar el símbolo de porcentaje como si fuera una unidad de medida." Concluye satisfecho su explicación Luis Alberto.

La comercializadora de Miguel Ángel

Miguel Ángel tiene una empresa comercializadora que vende toallas, sábanas, colchas, manteles, cortinas y, además, consumibles como jabón de manos, champú, acondicionador para el cabello, crema humectante, papel higiénico y muchos otros productos para hoteles y restaurantes. Su negocio ha crecido mucho y está diseñando una dirección comercial para atender las ventas en todas las ciudades en las que su empresa tiene presencia.

Para formalizar el diseño de la dirección comercial, Miguel Ángel ha contratado a Fernando, un consultor con mucha experiencia en el desarrollo de organizaciones dedicadas a las ventas.

"Necesito que me digas todo lo que necesite saber sobre tu área comercial y tus expectativas con esta nueva dirección comercial, empezando por la expectativa de ventas mensuales" Le pide Fernando a Miguel Ángel, como un primer acercamiento al tema.

"Con la creación de la dirección comercial y la contratación de 5 vendedores más, esperamos ventas de alrededor de 2 millones de pesos mensuales –responde Miguel de inmediato–.

Pero vamos por partes. Primero tienes que saber que tenemos dos líneas de productos bien diferenciados: la línea A es de productos de consumo duradero, como toallas, sábanas, colchas, manteles, alfombras, cortinas, ornamentos, etc., en la que nuestro margen de utilidad bruta es del 40 % y produce aproximadamente el 40 % de los ingresos totales por ventas, porque los periodos de recompra son largos, en promedio de 6 meses. La línea B es de consumibles que tiene un periodo de recompra mensual y consta de productos que van desde artículos para la higiene de las instalaciones, hasta los productos de higiene personal que el hotel provee a sus huéspedes como parte del servicio de alquiler de la habitación. Los ingresos derivados de las ventas de la línea B representan un 60 % de los ingresos totales por ventas y nos reportan un 30 % de utilidad bruta.

Actualmente, tenemos 5 vendedores que visitan un total de 300 hoteles al mes y generan ventas de alrededor de 600 mil pesos mensuales, promediados a lo largo de todo el año."

Mientras escucha atentamente la breve, pero sustanciosa exposición de Miguel Ángel, Fernando hace anotaciones, realiza cálculos, traza líneas y repentinamente interrumpe a Miguel Ángel.

"Entonces, podemos decir que la siguiente tabla resume tus expectativas de ventas y utilidad bruta con la habilitación de la nueva dirección, ¿cierto?" Pregunta Fernando al tiempo que le muestra a Miguel Ángel la Tabla 10.

Línea de negocio	Porcentaje de participación en las ventas	Ventas mensuales esperadas	Porcentaje de utilidad bruta	Utilidad bruta esperada
A. Productos de consumo duradero	40 %	$ 800,000	40 %	$ 320,000
B. Consumibles	60 %	$ 1'200,000	30 %	$ 360,000

Tabla 10. Expectativas de ventas y utilidad bruta de la comercializadora de Miguel Ángel con la creación de una dirección comercial. Las ventas totales esperadas son de 2 millones de pesos mensuales.

"Antes de seguir adelante –propone Fernando–, déjame calcular el porcentaje de utilidad bruta general de tus expectativas, con base en los datos de la Tabla 10.

Hay dos maneras de calcularlo –dice Fernando con postura de consultor–. La que todos conocemos consiste en dividir la utilidad bruta total esperada entre las ventas totales esperadas:

$$\%U = \frac{Utilidad\ bruta\ total}{Ventas\ totales}$$

Si le llamamos U_A a la utilidad bruta esperada de la línea de negocio A, U_B a la utilidad bruta esperada de la línea de negocio B y U_T a la utilidad bruta total, entonces, claramente:

$$U_T = U_A + U_B$$

Y, si ahora llamamos V_T a las ventas totales, tenemos que:

$$\%U = \frac{U_A + U_B}{V_T} * 100\,\%$$

$$= \frac{\$\,320{,}000 + \$\,360{,}000}{\$\,2'000{,}000} \times 100\,\%$$

$$= 34\,\%$$

La otra manera, más fácil y directa –afirma Fernando, que conoce bien la Ecuación 13 y sus múltiples aplicaciones–, es hacer la siguiente operación. Si llamamos $\%V_A$ al porcentaje de las ventas totales que provienen de la línea de negocios A y $\%V_B$ al porcentaje de las ventas totales que corresponden a la línea de negocios B, entonces:

$$\%U = \%V_A * \%U_A + \%V_B * \%U_B$$

Pero los porcentajes de participación de las ventas de cada línea de negocios, es decir $\%V_A$ y $\%V_B$ los manejaremos como coeficientes unitarios, en lugar de su forma porcentual. Así:

$$\%U = 0.4 * 40\,\% + 0.6 * 30\,\%$$

$$= 16\,\% + 18\,\%$$

$$= 34\,\%$$

"Ahora sí me sorprendiste." Confiesa Miguel Ángel, reconociendo lo inesperado del segundo método de cálculo del porcentaje de utilidad bruta total.

"Ahora, tengo otra preguntas para ti –dice Fernando, retomando el asunto principal del diseño de la dirección comercial–. ¿Qué porcentaje de tus ingresos totales (o de tu utilidad bruta) piensas repartir a manera de comisiones a tu organización comercial? Recuerda que en una organización comercial, la fuente principal del ingresos debe ser la obtención de comisiones por ventas y eso aplica a todos, desde el director comercial, hasta los vendedores."

"Creo que me sentiría satisfecho con repartir el 12 % de las ventas totales en comisiones –responde Miguel Ángel sin mucho pensarlo–; pero, desde luego que ese 12 % habría que aplicarlo de tal manera que no sea igual en las dos líneas de negocio pues, como ya lo sabes ahora, de cada una de ellas obtengo porcentajes de utilidad bruta diferentes."

"Por supuesto, Miguel Ángel, entiendo que el 12 % es el porcentaje de las ventas totales que deseas ceder en comisiones al área de ventas, pero no podría ser el 12 % de las ventas de la línea A y el 12 % de la línea B. Vamos a calcular el porcentaje que le correspondería a cada línea de negocios en razón del porcentaje de utilidad bruta que reporta cada una.

La primera pregunta que responderemos es qué porcentaje de la utilidad bruta total esperada es ese 12 % que corresponde a las comisiones. Recordemos que acabamos de calcular que la utilidad bruta total es el 34 %. Así es que nos interesa saber qué porcentaje del 34 % es el 12 %, esto implica que tenemos que hacer la siguiente operación:

$$\frac{12\,\%}{34\,\%} \times 100\,\%$$

$$= 35.29\,\%$$

Es decir, que de la utilidad bruta que obtienes en tu negocio, estás dispuesto a ceder en comisiones el 35.29 % a tu área de ventas. ¿Estás de acuerdo?"

Miguel Ángel responde un poco dubitativo: "Creo que ya me perdí, ¿no quedamos que cedería el 12 % en comisiones?"

"Y eso es lo que harás –responde muy seguro de sí mismo Fernando–. Es el 12 % de los ingresos totales por ventas, pero al mismo tiempo es el 35.29 % de tu utilidad bruta."

"Ah, claro, ya entiendo." Responde Miguel Ángel, convencido.

"Ahora nos resultará muy fácil saber qué porcentaje de las ventas de cada línea de negocios deberás ceder en comisiones para lograr ese 12 % global.

Vayamos a la línea de negocios A, que te reporta una utilidad bruta del 40 %. Lo que sabemos ahora, es que cederás en comisiones el 35.29 % de esa utilidad bruta a tu área de ventas, esto es:

Porcentaje de comisiones de la línea A (C_A) (como porcentajes de los ingresos por ventas de esa línea):

$$\%C_A = 0.3529 \times 40\,\%$$

$$= 14.12\,\%$$

Esto es, que de los ingresos por ventas de la línea de negocios A, cederás en comisiones a tu área de ventas el 14.12 %.

Hagamos lo mismo para la línea de negocio B que te reporta una utilidad bruta del 30 %:

Porcentaje de comisiones de la línea B (C_B) (como porcentajes de los ingresos por ventas de esa línea):

$$\%C_B = 0.3529 \times 30\,\%$$

$$= 10.59\,\%$$

Esto es, que de los ingresos por ventas de la línea de negocios B, cederás en comisiones a tu área de ventas el 10.59 %."

"Espera un momento, Fernando –interrumpe Miguel Ángel mostrando un poco de desconfianza–. No me salen las cuentas: en la línea A, voy a pagar el 14.12 % en comisiones y en la línea B, el 10.59 %. Esto significa que en promedio estaría pagando el 12.35 % y no el 12 %."

"Es que el 12 % no es el promedio de los dos porcentajes que acabamos de calcular, más bien es lo que en estadística se conoce como una media ponderada. Te lo voy a demostrar enseguida y, en esencia, es la misma fórmula que ya utilizamos anteriormente y que te causó una grata sorpresa.

Tomemos como base de cálculo tus cifras de ventas esperadas, esto es:

$$V_A = 40\,\% * \$\,2'000{,}000$$

$$= \$\,800{,}000$$

Y:

$$V_B = 60\,\% * \$\,2'000{,}000$$

$$= \$\,1'200{,}000$$

Ahora bien, las comisiones que vas a pagar al área de ventas, en cada caso es:

Comisiones en la línea A (C_A):

$$C_A = 14.12\ \% \times \$\ 800{,}000$$

$$= \$\ 112{,}960$$

Comisiones en la línea B (C_B):

$$C_A = 10.59\ \% \times \$\ 1'200{,}000$$

$$= \$\ 127{,}080$$

Ahora, el porcentaje de comisiones totales (C_T) en relación a los ingresos totales por ventas (V_T) es:

$$\%C_T = \frac{C_T}{V_T} * 100\ \%$$

$$= \frac{C_A + C_B}{V_T} * 100\ \%$$

$$= \frac{\$\ 112{,}960 + \$\ 127{,}080}{\$\ 2'000{,}000} \times 100\ \%$$

$$= 12.00\ \%$$

Que es exactamente el porcentaje de las ventas totales que deseas ceder en comisiones a tu área de ventas."

"Pero, ¿cómo se relacionan estos cálculos con la fórmula anterior?" Pregunta Miguel Ángel, un poco perdido.

"Muy bien –responde con paciencia Fernando–, vamos a revisar los cálculos que acabamos de hacer, pero utilizando símbolos algebraicos en lugar de los números conocidos que hemos utilizado.

Lo que hicimos fue calcular el porcentaje de comisión total C_T que cederás a tu área de ventas como porcentaje de las ventas totales, a partir de la siguiente fórmula:

$$\%C_T = \frac{U_T}{V_T} * 100\,\%$$

En donde:

$$U_T = U_A + U_B$$

Esto es:

$$\%C_T = \frac{U_A + U_B}{V_T} * 100\,\%$$

Y, además, sabemos que:

$$U_A = \%C_A * V_A$$

Y:

$$U_B = \%C_B * V_B$$

Si sustituimos estas expresiones para las utilidades brutas en la ecuación anterior, obtenemos:

$$\%C_T = \frac{\%C_A * V_A + \%C_B * V_B}{V_T} * 100\,\%$$

Como podemos ver, la fórmula anterior no es el promedio de los porcentajes de comisiones $\%C_A$ y $\%C_B$, lo que, en ese caso, sería simplemente sumarlos y dividir el resultado de la suma entre 2."

Y aún podemos convertir esta ecuación en otra forma muy útil, que es la que a ti te causó una buena impresión al inicio de esta sesión. Vemos que, en el segundo miembro de la ecuación tenemos una división de una suma entre un solo número. Esto lo podemos interpretar como la suma de dos fracciones con denominador común, así:

$$\%C_T = \left[\frac{\%C_A * V_A}{V_T} + \frac{\%C_B * V_B}{V_T}\right] \times 100\,\%$$

Ahora bien, cada sumando dentro del paréntesis es un número que resulta de multiplicar dos números y el resultado dividirlo entre un tercer número. Sabemos por el álgebra, que eso se puede hacer también poniendo el denominador sólo como divisor de uno de los factores y multiplicando el resultado por el otro. Esto es, si a, b y c son tres números reales cualesquiera, excepto que c no puede ser 0, tenemos que:

$$\frac{a*b}{c} = \left(\frac{a}{c}\right)*b = a*\left(\frac{b}{c}\right)$$

Aprovechando esta propiedad de los números reales, podemos reescribir nuestra ecuación así:

$$\%C_T = \left[\%C_A * \left(\frac{V_A}{V_T}\right) + \%C_B * \left(\frac{V_B}{V_T}\right)\right] \times 100\,\%$$

Y es muy claro que los coeficientes entre paréntesis son los porcentajes (en su forma de coeficientes unitarios) de las ventas de cada línea de negocios en relación con las ventas totales, que en tus expectativas de ventas serían:

$$\frac{V_A}{V_T} = \frac{\$\,800{,}000}{\$\,2'000{,}000} = 0.4$$

Y:

$$\frac{V_B}{V_T} = \frac{\$\,1'200,000}{\$\,2'000,000} = 0.6$$

Así es que, el porcentaje de comisión total, también se puede calcular con esta última fórmula, simplemente sustituyendo los valores correspondientes, así:

$$\%C_T = \left[\%C_A * \left(\frac{V_A}{V_T}\right) + \%C_B * \left(\frac{V_B}{V_T}\right)\right] \times 100\,\%$$

$$= [14.12\,\% \times 0.4 + 10.59\,\% \times 0.6] \times 100\,\%$$

$$= [0.1412 \times 0.4 + 0.1059 \times 0.6] \times 100\,\%$$

$$= [0.05648 + 0.06354] \times 100\,\%$$

$$= 0.12002 \times 100\,\%$$

$$= 12.00\,\%$$

"¡Sorprendente!" Exclama Miguel Ángel sin poder ocultar su satisfacción de poder aprender algo nuevo.

"Muy bien, continuemos –invita Fernando a Miguel Ángel, tratando de evitar que pierda la atención en los argumentos que le presenta–. Vamos a ver, de acuerdo con lo que me dices, tu dirección comercial tendrá un director, quien tendrá a su cargo 10 vendedores. Déjame hacerte unas preguntas: primero, ¿qué porcentaje de los ingresos del director comercial y de los vendedores deberán provenir de las comisiones por ventas?"

"En el caso del director comercial –responde Miguel Ángel con convicción–, me parece que debe ser el 50 %, ya que una buena parte de sus responsabilidades son administrativas y no propiamente de coordinación de ventas, es decir, tiene que elaborar reportes para la dirección general, administrar los contratos laborales de los vendedores, atender quejas y/o demandas de los clientes, etc. Y en el caso de los vendedores, me parece que debe ser algo cercano al 80 %."

"Entonces, debemos entender que, en ambos casos, el resto de sus percepciones provendrá de un sueldo base, ¿correcto?"

"Correcto, Fernando."

"De acuerdo, Miguel Ángel, entonces te voy a proponer la siguiente estructura de comisiones: el director comercial obtendrá el 20 % de las comisiones de las ventas de todos sus vendedores, mientras que cada vendedor obtendrá el 80 % de la comisión de su propia venta."

"Espera un momento, Fernando, ¿no te parece muy desproporcionada la repartición de las comisiones entre el director comercial y los vendedores? Es decir, me parece que al director comercial le estamos otorgando muy poca participación de las comisiones, tal vez sus ingresos no sean los adecuados y nadie quiera tomar esa responsabilidad." Pregunta Miguel Ángel con desconcierto, a lo que Fernando, muy seguro de su propuesta, responde con otra pregunta.

"¿Cuál es la precepción total mensual, es decir, sueldo base más comisiones, que te parce razonable pagarle a tu director comercial, si éste logra cumplir tus metas de ventas?"

"Mmm… me parece que alrededor de $ 90,000 mensuales." Propone Miguel Ángel basado en su propia experiencia.

"Muy bien, de acuerdo con lo que me dijiste anteriormente, esperas que aproximadamente la mitad de sus ingresos provenga de las comisiones de ventas. Bueno, pues hagamos las cuentas.

Lo primero es determinar cuánto dinero es el que se va a repartir en comisiones a toda el área de ventas si se cumple la meta de vender 2 millones de pesos mensuales. Recordemos que el porcentaje de comisiones totales es el 12 %, así que el monto de las comisiones totales C_T, sería:

$$C_T = \$\, 2'000,000 \times 0.12$$

$$= \$\, 240,000$$

Ahora bien, de esos $ 240,000 repartibles en comisiones, lo que yo propongo es que al director comercial le corresponda el 20 %, esto es:

$$\textit{Comisiones para el director comercial}$$

$$= \$\, 240,000 \times 0.2$$

$$= \$\, 48,000$$

Esto significa que si tú piensas que los ingresos del director comercial deben ser de alrededor de $ 90,000 mensuales, sólo tendrías que pagarle un sueldo base de $ 42,000 y estos números son muy cercanos a tu postura de que aproximadamente la mitad de sus ingresos deberán provenir de las comisiones de ventas, ¿estás de acuerdo, Miguel Ángel?"

"Estoy de acuerdo –responde satisfecho Miguel Ángel–, pero ¿qué pasa con los vendedores?"

"Ah, ya vamos a eso –responde con prestancia Fernando–. De los 240 mil pesos de utilidades distribuibles en comisiones, ya hemos tomado el 20%, es decir, $ 48,000 para el director comercial. Nos resta el 80 %, esto es:

$$\textit{Monto de comisiones repartibles entre vendedores}$$

$$= 0.8 \times \$\,240{,}000$$

$$= \$\,192{,}000$$

Si cada vendedor cumple la misma cuota de ventas que cualquier otro, es decir, todos venden la misma cantidad, entonces esos $ 192,000 se repartirían a partes iguales entre 10 vendedores. Eso significa que cada vendedor obtendría, por la vía de las comisiones de ventas, aproximadamente $ 192,000/10 = $ 19,200 mensuales. Pero me dijiste que esto sería el equivalente al 80 % de sus ingresos y el restante 20 % será un sueldo base. Así es que, ahora debemos determinar cuál es el monto del sueldo base que deberás pagarle a cada uno de tus vendedores y cuál será el total de sus percepciones mensuales.

Llamémosle I_V al ingreso total de un vendedor, S_V a su sueldo base y C_V a sus comisiones, entonces, por definición:

$$I_V = S_V + C_V$$

Sabemos que las comisiones C_V del vendedor deben ser el 80 % de su ingreso total I_V, esto es:

$$C_V = 0.8 * I_V$$

De donde podemos obtener el monto del ingreso total:

$$I_V = \frac{C_V}{0.8}$$

$$I_V = \frac{\$\,19{,}200}{0.8}$$

$$= \$\,24{,}000$$

Ahora es muy fácil obtener el monto del sueldo base S_V de tus vendedores, ya que, por definición:

$$I_V = S_V + C_V$$

De donde:

$$S_V = I_V - C_V$$

$$= \$\,24{,}000 - \$\,19{,}200$$

$$= \$\,4{,}800$$

Es decir, que si tu empresa marcha como un reloj bien calibrado y todos los vendedores venden aproximadamente la misma cantidad, cada uno de los 10 vendedores deberá vender alrededor de $ 200,000 mensuales, con lo que ganará $ 19,200 de comisiones y más su sueldo base de $ 4,800 tendrá un ingreso total de $ 24,000 mensuales.

¿Te parece una buena propuesta, Miguel Ángel?"

"Sí, Fernando, me parece una buena propuesta. Pero ahora me gustaría ver un resumen muy práctico de todo este diseño.

Es decir, necesito algo parecido a un manual que me permita calcular rápidamente las comisiones a pagar, porque aunque en este momento tengo ya bien entendido que el modelo funciona, lo cierto es que hemos hecho un largo recorrido y ahora mismo no sabría cómo calcular las comisiones que hay que pagarle a un vendedor teniendo en cuenta que mi información de entrada es el monto de sus ventas. Y lo mismo aplica en el caso del cálculo de las comisiones para el director. Todo esto, insisto, tomando en cuenta que mi información de entrada será el monto de las ventas de cada vendedor, separando sus ventas por cada línea de productos."

"Me queda claro, Miguel Ángel, justo ese es mi trabajo, entregarte un resultado final que te sirva de referencia para los cálculos de todas tus comisiones a pagar. Pero vale la pena que te explique cómo llegar a esos porcentajes finales.

Muy bien, pensemos en un vendedor al que llamaremos Héctor. La información que tú recibes al final del mes es un resumen de las ventas facturadas y efectivamente cobradas de Héctor en las dos líneas de negocio. Llamemos a estas dos cantidades V_A y V_B, respectivamente. Lo primero que haremos es calcular la utilidad bruta que te reportan esas ventas, tomando en cuenta que $\%U_A$ = 40 % y $\%U_B$ = 30 %. Entonces, la utilidad bruta U_H que te reportan las ventas de Héctor está dada por:

$$U_H = 0.4 * V_A + 0.3 * V_B$$

Ahora bien, de toda esa utilidad bruta generada por las ventas de Héctor y de cualquier otro vendedor, de acuerdo con los cálculos que hicimos, repartirás el 35.29% en comisiones. De manera que las comisiones C, repartibles al área de ventas, son:

$$C = 0.3529 * U_H$$

Si sustituimos en esta última fórmula la expresión anterior para la utilidad bruta de las ventas de Héctor, nos queda:

$$C = 0.3529 * (0.4 * V_A + 0.3 * V_B)$$

Podemos dejar esta fórmula así, que ya te permite calcular la comisión distribuible en el área de ventas o podemos realizar la multiplicación del factor que está fuera del paréntesis por la suma dentro del paréntesis, recordando que cuando un número multiplica a una suma, multiplica a cada uno de los términos de la suma. Así que, la ecuación anterior se transforma en:

$$C = 0.3529 * 0.4 * V_A + 0.3529 * 0.3 * V_B$$

Si realizamos las multiplicaciones indicadas, llegamos a la siguiente fórmula:

$$C = 0.14116 * V_A + 0.10587 * V_B$$

Y esta es la forma definitiva para calcular las comisiones distribuibles a tu área de ventas, a partir de las ventas de un vendedor. Si la prefieres con los coeficientes unitarios expresados en forma porcentual, la fórmula se convierte en esta versión equivalente:

$$C = 14.116\ \% * V_A + 10.587\ \% * V_B$$

Pero, lo que importa es calcular la parte de comisiones que le corresponde cobrar a Héctor (o a cualquier otro vendedor) y ésta comisión ya hemos determinado que es el 80 % de las comisiones totales de sus propias ventas. Así que, las comisiones C_H, que le corresponden en este caso a Héctor son:

$$C_H = 0.8 * C$$

Y sustituyendo la expresión que ya tenemos para C, obtenemos:

$$C_H = 0.8 * (14.116\ \% * V_A + 10.587\ \% * V_B)$$

De nuevo, hacemos la multiplicación del factor 0.8 por lo que está dentro del paréntesis, para obtener:

$$C_H = 11.293\ \% * V_A + 8.470\ \% * V_B$$

Y ésta ya es tu fórmula maestra para calcular las comisiones a pagar para cualquier vendedor, teniendo como datos para realizar el cálculo sus ventas de cada una de las líneas de negocio A y B. Y como puedes ver, de las ventas que un vendedor haga de la línea A, le pagarás el 11.293 % y de las ventas que haga de la línea B le pagarás el 8.470 % de comisiones." Concluye triunfante, Fernando.

"¡Estupendo –exclama muy satisfecho, Miguel Ángel–! Así que todo lo que hemos hecho hasta ahora se reduce a esa simple fórmula con la que puedo determinar las comisiones a pagar de cualquier vendedor."

"Así es, Miguel Ángel. Ahora vamos a conseguirnos una fórmula maestra similar a ésta, pero esta vez para calcular las comisiones para el director comercial.

Bien, recordemos que al director comercial le corresponderá el 20% de todas las comisiones de ventas que se generen por la actividad de todos y cada uno de los vendedores, cosa que ya hemos calculado, si recuerdas, la comisión distribuible al área de ventas, a partir de las ventas de un vendedor, es:

$$C = 14.116\,\% * V_A + 10.587\,\% * V_B$$

Entonces, la comisión C_D que le toca al director comercial es el 20 % (0.2) de eso, esto es:

$$C_D = 0.2 * C$$

Sustituimos la expresión para C y obtenemos:

$$C_D = 0.2 * (14.116\,\% * V_A + 10.587\,\% * V_B)$$

Y, de nuevo, realizamos la multiplicación del factor 0.2 por la suma que está dentro del paréntesis para obtener, finalmente:

$$C_D = 2.823\,\% * V_A + 2.117\,\% * V_B$$

Lo que calcula esta fórmula es el monto de las comisiones que le corresponde cobrar al director comercial, a partir de las ventas V_A

y V_B de un vendedor. Ahora bien, puesto que el cálculo lo hemos hecho para un vendedor cualquiera, lo mismo aplica para cualquier otro vendedor, es decir, las comisiones totales que deberá recibir el director comercial es la suma de las comisiones que provienen de las ventas de todos los vendedores. Veremos que la fórmula, prácticamente es la misma, aunque con un pequeño ajuste de notación.

Vamos a identificar las ventas de cada uno de los vendedores con los símbolos:

$$V_{A1}, V_{A2}, \ldots, V_{A10}$$

Y:

$$V_{B1}, V_{B2}, \ldots, V_{B10}$$

En donde la parte numérica del subíndice identifica a uno de los 10 vendedores. Es decir, las ventas del vendedor número 3, por ejemplo, estarían denotadas por:

$$V_{A3} + V_{B3}$$

Entonces, las comisiones totales C_{DT} que le corresponde cobrar al director comercial por las ventas de los 10 vendedores, están dadas por:

$$C_{DT} =$$

$$= 2.823\ \% * V_{A1} + 2.117\ \% * V_{B1}$$

$$+ 2.823\ \% * V_{A2} + 2.117\ \% * V_{B2}$$

$$+ 2.823\ \% * V_{A3} + 2.117\ \% * V_{B3} + \cdots$$

$$+ 2.823\ \% * V_{A10} + 2.117\ \% * V_{B10}$$

Nótese que hay puntos suspensivos. Éstos indican que faltan términos, que no se han escrito pero se sobreentienden porque forman parte de un patrón.

Parece una expresión matemática muy complicada, pero no lo es. Si la examinamos detalladamente, veremos claramente que cada renglón representa las comisiones que ha de cobrar el director general a partir de las ventas en ambas líneas de negocio de un solo vendedor.

Si reordenamos los términos (recordemos que el orden de los sumandos no altera la suma), de manera que primero tengamos todas las ventas de la línea de negocios A y luego todas las ventas de la línea de negocios B, la ecuación anterior queda así:

$$C_{DT} =$$

$$2.823\ \%*V_{A1} + 2.823\ \%*V_{A2}$$

$$+2.823\ \%*V_{A3} + \cdots + 2.823\ \%*V_{A10}$$

$$+2.117\ \%*V_{B1} + 2.117\ \%*V_{B2}$$

$$+2.117\ \%*V_{B3} + \cdots + 2.117\ \%*V_{B10}$$

Y si factorizamos en los primeros 10 términos (los que corresponden a las ventas de la línea A) el factor 2.823 % y, en los siguientes 10 términos (los que corresponden a las ventas de la línea B), el factor 2.117 %, la fórmula anterior se transforma en:

$$C_{DT} =$$

$$2.823\ \%*(V_{A1} + V_{A2} + \cdots + V_{A10})$$

$$+2.117\ \%*(V_{B1} + V_{B2} + \cdots + V_{B10})$$

Notemos que dentro de cada uno de los paréntesis están las ventas totales de las líneas de negocio A y B respectivamente, es decir, la suma de las ventas de todos los vendedores en cada línea de negocio.

Ahora, nos vamos a ahorrar mucha escritura si utilizamos los símbolos algebraicos que representan a esas sumas:

$$\sum V_A = V_{A1} + V_{A2} + \cdots + V_{A10}$$

Y:

$$\sum V_B = V_{B1} + V_{B2} + \cdots + V_{B10}$$

Y se leen: "la suma de las ventas de la línea de negocios A" y "La suma de las ventas de negocio B", respectivamente.

Así que, finalmente, la fórmula para el cálculo de las comisiones del director general la escribiremos, preferentemente, así:

$$C_D = 2.823\ \% * \sum V_A + 2.117\ \% * \sum V_B$$

En donde los porcentajes indicados se aplican sobre los ingresos totales por ventas de cada línea de negocio. ¿Qué te parece, Miguel Ángel?"

"Mmm... así que todo el modelo se reduce a sólo dos fórmulas – dice Miguel Ángel con una mezcla de asombro y satisfacción–, espero que así de reducidos sean tus honorarios, Fernando."

"No cobro por el número de fórmulas que obtengo, sin por los conocimientos que me permiten obtenerlas –apostilla Fernando con autoridad académica."

Este último ejemplo contiene varias aplicaciones de los porcentajes en las que en unas ocasiones son aditivos y otras en las que no lo son, En los ejercicios del capítulo tendremos oportunidad de examinar estas y otras cuestiones interesantes en torno a este ejemplo.

Ejercicios del sexto capítulo.

1. Lucy es una empresaria de un estado del norte de México que está planeando una empresa de mercadeo en multinivel con suplementos alimenticios. Las comisiones que podrá cobrar un afiliado de su red es el 2.3 % sobre el consumo de cualquier persona en su red hasta el cuarto nivel.

    a. ¿Cuál es el porcentaje máximo de comisiones (sobre el ingreso neto por ventas) que pagará la empresa de Lucy a sus afiliados?

    b. Si su utilidad bruta es del 40 %, ¿Qué porcentaje máximo de su utilidad bruta cederá en comisiones a sus afiliados?

    c. Si las ventas esperadas de este año serán $ 12'000,000 ¿cuál es la "utilidad bruta ajustada" (utilidad bruta menos las comisiones de los afiliados) que espera recibir este año?

2. Mireya tiene una micro-fábrica de chocolates artesanales en la Riviera Maya. Muchos de sus clientes gustan del chocolate sin más ingredientes que aporten sabor, es decir, con sólo cacao tostado y molido en porcentajes de

concentración que van desde el 50 %, hasta el 90 % para los paladares más acostumbrados a los sabores fuertes y amargos. Un cliente le solicita 10 kg de chocolate al 65 %, pero, por el momento, ella sólo tiene 25 kg al 50 % y 8 kg al 70 %.

   a. ¿Puede, Mireya, satisfacer el pedido de su cliente haciendo una mezcla con los chocolates que tiene a la mano? Si es así, ¿qué cantidad de chocolate (en kg), de cada uno de los chocolates disponibles, tendrá que poner en la mezcla?

   b. ¿Qué porcentaje de la mezcla es cada uno de los chocolates en la solución del inciso anterior?

   c. Si mezclara los 25 kg de chocolate al 50 %, con los 4 kg al 70 %, ¿qué concentración (en porcentaje) obtendría?

   d. Si el precio del chocolate al 50 % es de $ 150.00/kg y el del chocolate al 70 % es de $ 210.00/kg, ¿Cuál deberá ser el precio de la mezcla que solicitó el cliente del inciso a., si Mireya quiere obtener la misma ganancia que obtendría vendiendo los chocolates en su presentación original?

3. Durante la pandemia de Covid-19, muchos colegios privados perdieron una buena parte de su matrícula. Es el caso del colegio del profesor Agustín, una escuela de educación básica que ha tenido que fusionar grupos para poder sobrevivir. Al final del ciclo escolar anterior, la escuela de Agustín tenía dos grupos de cuarto año: el grupo de 4° A que terminó el ciclo con 18 alumnos, de los cuales, el 16.67% están en el primer cuartil de aprovechamiento de

matemáticas en las pruebas inter-escolares y el grupo 4° B, que terminó el ciclo con sólo 12 alumnos, de los cuales, el 25% están el ese primer cuartil. Para el siguiente ciclo escolar, Agustín planea fusionar lo que quedó de los grupos de 4° en el nuevo grupo de 5°. Al inicio del nuevo ciclo escolar no hay deserción de alumnos, por lo que el nuevo grupo de 5° tendrá 30 alumnos.

   a. ¿Qué porcentaje de los alumnos del nuevo grupo fusionado de 5° estarán en el primer cuartil de aprovechamiento de matemáticas, al inicio del ciclo escolar?

   b. ¿Cuántos alumnos del nuevo grupo de 5° están en el primer cuartil de aprovechamiento de matemáticas al inicio del ciclo escolar?

   c. Si en el nuevo ciclo escolar, los estudiantes que iniciaron el ciclo escolar en el primer cuartil de aprovechamiento de matemáticas mantienen su nivel y a ellos se suman el 25 % de los estudiantes que antes no estaban en el primer cuartil de aprovechamiento de matemáticas, ¿Qué porcentaje de alumnos, en relación al total de alumnos en el grupo, estarán en el primer cuartil al final del ciclo escolar?

4. Después de un par de meses de contratado el director comercial de la empresa de Miguel Ángel (ver el último ejemplo del capítulo, La comercializadora de Miguel Ángel), los resultados de las ventas por vendedor y línea de negocio son los que muestra la Tabla 11. A partir de esos resultados:

Vendedor	Ventas del mes ($)	
	Línea A	Línea B
1	107,175	109,836
2	86,179	105,212
3	72,252	132,627
4	67,515	100,693
5	128,233	134,454
6	107,768	107,765
7	108,589	145,775
8	73,265	131,309
9	76,196	96,000
10	69,805	115,644
TOTALES	**896,977**	**1,179,315**

Tabla 11. Resultados de las ventas de la nueva dirección comercial de la empresa de Miguel Ángel

a. Calcule las comisiones totales que deberá pagar la empresa de Miguel Ángel por las ventas de la línea de negocio A.

b. Calcule las comisiones totales que deberá pagar la empresa de Miguel Ángel por las ventas de la línea de negocio B.

c. Calcule el porcentaje de todas las comisiones que pagará la empresa este mes, en relación a los ingresos totales por ventas.

d. Calcule las comisiones totales que cobrarán cada uno de los 10 vendedores.

e. Calcule las comisiones que cobrará el director comercial

f. ¿Concuerdan estos números con lo proyectado por el consultor?

5. En el último ejemplo del capítulo, La comercializadora de Miguel Ángel, el consultor que diseñó la estructura de comisiones de la dirección comercial, asegura que es una estructura que premia al que trabaja y castiga al que no trabaja o hace su trabajo de manera deficiente. Pero Miguel Ángel no está tan de acuerdo y para apoyar su punto de vista le propone a Fernando que piense en el siguiente caso hipotético: supongamos que el director comercial no hace su trabajo en lo que corresponde a lograr que todos los vendedores logren sus cuotas de ventas, pero tiene la suerte de haber encontrado a un vendedor estrella, que por sí solo cumple con la cuota de ventas del área comercial completa, que es de 2 millones de pesos y con la distribución esperada, es decir, 40 % de sus ventas corresponden a la línea A y 60 % a la línea B. Supongamos, además, que entre todos los demás vendedores juntos vendieron apenas $ 270,000, también con la misma distribución. Basándose en este caso hipotético que plantea Miguel Ángel:

   a. Calcule el monto de las comisiones que le correspondería cobrar al vendedor estrella.

   b. Calcule el monto de las comisiones que le correspondería cobrar al director comercial.

   c. Si cada uno de los demás vendedores vendieron la misma cantidad, calcule las comisiones que cobraría cada uno.

d. Calcule el porcentaje total de comisiones que va a pagar la compañía de Miguel Ángel a su área comercial.

e. ¿Está usted de acuerdo con Fernando el consultor de que es un sistema que premia al que hace su trabajo y castiga al que no lo hace o está de acuerdo con Miguel Ángel en que eso no es verdad?

f. ¿Qué haría usted para mejorar el modelo de comisiones de tal manera que se cumpla lo que pretende el consultor?

6. En el contrato del director comercial de La comercializadora de Miguel Ángel), hay una cláusula que le adjudica la responsabilidad de atender a los clientes más exigentes, con lo cual, el director comercial ganaría en esas ventas tanto la comisión del vendedor, como la comisión del director comercial.

   a. ¿Qué porcentaje de comisiones, sobre los ingresos por ventas a los clientes más exigentes, ganaría el director comercial? ¿Podemos decir que aquí los porcentajes son aditivos?

   b. ¿Esto afecta a la compañía en cuanto al porcentaje total de comisiones que debe pagar a su área comercial?

   c. Si en lugar de asignar esas cuentas al director comercial, la compañía se las asigna a los vendedores, ¿habría alguna diferencia para la empresa en cuanto al porcentaje total de comisiones a pagar?

7. A un año de ejecutar el modelo propuesto por el consultor en La comercializadora de Miguel Ángel, la compañía decidió contratar a otros 5 vendedores para captar más mercado. Las condiciones para estos nuevos vendedores son las mismas que las que tienen los vendedores actuales, incluida la cuota de ventas de 200 mil pesos mensuales, con un balance de 40 % de ventas en la línea A y 60 % de ventas de la línea B. Si estos nuevos vendedores, al igual que sus colegas, cumplen sus cuotas de ventas:

   a. ¿Qué porcentaje de los ingresos totales por ventas le corresponde a la empresa (porcentaje de utilidad bruta ajustada)?

   b. ¿En qué porcentaje crecería la utilidad bruta que generan las ventas totales de la empresa? Compare este porcentaje de crecimiento con el porcentaje de crecimiento de las ventas.

   c. ¿El porcentaje de comisiones que corresponde al área comercial en relación con los ingresos totales por ventas cambia o se mantiene constante?

   d. ¿El porcentaje de comisiones (en relación con los ingresos totales por ventas) que le corresponde cobrar al director general aumenta o se mantiene constante?

   e. ¿Los ingresos por comisiones del director general cambian o se mantienen constantes?

8. Para garantizar que la estructura de comisiones propuesta para La comercializadora de Miguel Ángel castigue al director comercial cuando sus vendedores no logren su

cuota de ventas, Fernando, el consultor propone la siguiente modificación al contrato del director comercial: incluir una cláusula que establezca que la condición para que el director comercial cobre sus comisiones del mes correspondiente, es que al menos el 80 % de los vendedores haya logrado su cuota mensual de ventas. Si en un mes determinado solamente 5 de los 10 vendedores ha cumplido su cuota y cada uno de los 5 restantes sólo ha logrado el 30 % de su cuota (todos ellos con la distribución de ventas esperada: 40 % de la línea A y 60 % de la línea B):

a. ¿Cuál es el impacto para la compañía en términos de disminución del porcentaje de utilidad que le corresponde cobrar (*i. e.*, utilidad ajustada)?

b. ¿Cuál es el impacto para la compañía en términos de utilidad ajustada?

Apéndice A. Redondeo de cifras

Estas son las reglas del redondeo de cifras:

1. Decidir hasta qué orden de magnitud se redondeará la cantidad. Generalmente, esta decisión queda definida por la respuesta a la pregunta: ¿hasta qué orden de magnitud tiene sentido la cantidad?

   Por ejemplo, consideremos las siguientes cantidades:

   a. $ 450.8976 (pesos mexicanos)
   b. 12.4 caballos
   c. 13.239 gramos de oro

   En el caso del inciso a, sabemos que ya no se acuñan monedas de valor menor que 10 centavos, de manera que la cantidad deberá redondearse a décimas, Que es el mínimo orden de magnitud que tiene sentido para los pesos mexicanos.

   En el inciso b, es necesario redondear a enteros, ya que no tiene sentido una fracción de caballo.

   Y en el inciso c, las balanzas analíticas de los joyeros normalmente pueden medir hasta miligramos, de manera que toda la cantidad tiene sentido y no es necesario hacer un redondeo.

2. Una vez decidido el orden de magnitud de la cifra a redondear (enteros, décimas, centésimas, etc.), será necesario observar el valor de la cifra que le sigue en orden de magnitud descendente. Si esa cifra es menor que 5, a partir de esta cifra, consideraremos que ella y todas las

cifras siguientes son ceros. Si, por el contrario, la cifra siguiente es mayor que 5, entonces la cifra que corresponde a la magnitud mínima que tiene sentido, aumentará en una unidad y todas las cifras siguientes serán ceros.

Tomemos como ejemplo las cifras citadas en los incisos a, b y c de la regla anterior.

En el caso del inciso a, debemos redondear la siguiente cifra hasta decimales:

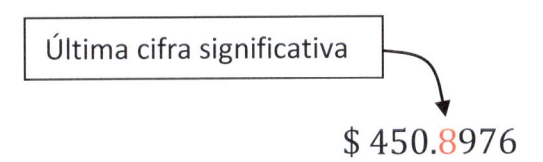

Última cifra significativa

$ 450.8976

Esto quiere decir que nuestra última cifra significativa es el 8 que ocupa el primer lugar a la derecha del punto decimal. Y la siguiente cifra es 9, de manera que al redondear aumentaremos el 8 en una unidad, para obtener:

$ 450.9

En el inciso b, debemos redondear a enteros la siguiente cifra:

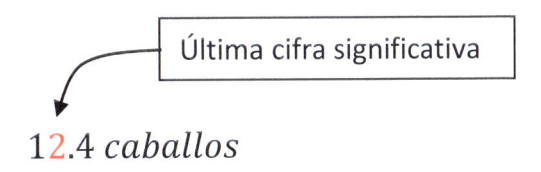

Última cifra significativa

12.4 *caballos*

Aquí la última cifra significativa es el 2 que está en el orden de magnitud de las unidades. Y como la siguiente cifra es 4 (menor que 5), entonces simplemente la convertimos en cero y dejamos nuestra última cifra significativa sin modificación. Entonces, el redondeo nos da:

12 caballos

En el inciso c, la última cifra significativa es la que está en el orden de magnitud de las milésimas de gramo y como ese orden de magnitud es medible con una balanza analítica, entonces no es necesario redondearla.

¿Y qué pasa si la siguiente cifra a la última cifra significativa es 5? En principio, podemos aplicar cualquiera de las dos reglas. Lo acostumbrado es que en una secuencia de cálculos que tengan que ver con un mismo asunto, aplicaremos alternativamente las dos reglas, es decir, una ocasión la regla 1, la siguiente ocasión la regla 2 y así sucesivamente.

Apéndice B. Operaciones con fracciones (quebrados).

Presentamos aquí un muy breve repaso de operaciones aritméticas con quebrados, para aquellos lectores que han olvidado estos algoritmos.

DEFINICIÓN.

En esta pequeña monografía hemos identificado como "razones", "fracciones" o "quebrados" a los números que resultan de la división de un entero entre otro, siendo este último necesariamente distinto de cero. A estos números los representaremos así:

$$\frac{p}{q}$$

En donde p y q son enteros y $q \neq 0$

Al número p se le llama el numerador y a q el denominador

En el álgebra a estos números se les conoce con el nombre de números racionales y se les reconocen propiedades muy interesantes. Vamos a enunciar sólo unas cuantas que en esta monografía nos resultan útiles:

1. Todos los enteros son racionales. Esto es muy fácil de demostrar, porque si la definición de número racional es que es el cociente de dos enteros, cualquier entero puede escribirse como el cociente de ese entero dividido entre 1. Ejemplo:

$$127 = \frac{127}{1}$$

2. Cada número racional se puede representar en un número infinito de maneras. Una de las propiedades sustantivas del

número 1 es que es el neutro multiplicativo, esto es, que al multiplicar a cualquier número lo deja inalterado. Por ejemplo:

$$1 \times 78 = 78$$

Pero el 1 también es el resultado de dividir cualquier número entre sí mismo, esto es:

$$\frac{334}{334} = 1; \quad \frac{-7}{-7} = 1; \quad \frac{11}{11} = 1$$

Y en general:

$$\frac{n}{n} = 1$$

En donde n es cualquier número entero. Entonces, si tenemos un número racional, por ejemplo, el:

$$\frac{1}{3}$$

Podemos encontrar otra representación para el mismo número "un tercio", multiplicando la representación anterior por un 1 "disfrazado" de alguna fracción, como en el siguiente ejemplo:

$$\frac{1}{3} = \frac{1}{3} \times \frac{2}{2}$$

$$= \frac{1 \times 2}{3 \times 2}$$

$$= \frac{2}{6}$$

Pero ese procedimiento lo podemos hacer tantas veces como queramos, simplemente, elegimos otro "disfraz" del uno, por ejemplo, 7/7, lo que nos daría:

$$\frac{1}{3} = \frac{1}{3} \times \frac{7}{7}$$

$$= \frac{1 \times 7}{3 \times 7}$$

$$= \frac{7}{21}$$

OPERACIONES DE COMPARACIÓN

IGUALDAD.

¿Cómo sabemos si dos fracciones son iguales? La respuesta es que si dos fracciones son iguales, sus "productos cruzados" son iguales, y viceversa. Esto, con símbolos algebraicos se escribe así:

$$\frac{p}{q} = \frac{r}{s} \Leftrightarrow ps = qr$$

Y se lee: p entre q es igual a r entre s, si y sólo si, p por s es igual a q por r.

Tomemos como ejemplo las siguientes fracciones:

$$\frac{3}{7} \quad y \quad \frac{9}{21}$$

¿Son iguales esas fracciones? Para saberlo, basta con hacer los "productos cruzados" y verificar si dan la misma cantidad. Llamamos productos cruzados a los productos del numerador de una de las fracciones por el denominador de la otra y viceversa:

$$\frac{3}{7} \times \frac{9}{21}$$

$$3*21 \quad 7*9$$

$$63 = 63$$

DESIGUALDADES:

Fracciones (quebrados) positivas.

¿Cómo saber si la razón de dos números es una fracción positiva? La respuesta es: cuando el numerador y el denominador tienen el mismo signo. Esto, en el lenguaje del álgebra se escribe así:

$$[(p > 0 \ y \ q > 0) \ ó \ (p < 0 \ y \ q < 0)] \Rightarrow \frac{p}{q} > 0$$

Y se lee: si *p* es positivo y *q* también es positivo ó *p* es negativo y *q* también es negativo; la razón *p* entre *q* es positiva. (Si p y q tienen el mismo signo, su razón es positiva).

Ejemplos:

$$\frac{3}{11} > 0$$

$$\frac{-4}{-13} = \frac{4}{13} > 0$$

Fracciones negativas (ó, quebrados negativos).

¿Cuándo es negativa una fracción? La respuesta es: cuando numerador y denominador tienen distintos signos. Algebraicamente, esto se escribe así:

$$[(p > 0 \ y \ q < 0) \ ó \ (p < 0 \ y \ q > 0)] \Rightarrow \frac{p}{q} < 0$$

Y se lee: si p es positivo y q negativo ó p es negativo y q positivo; la razón p entre q es negativa. (Una razón es negativa cuando el numerador y el denominador tienen distinto signo).

Ejemplos:

$$\frac{-7}{4} = -\frac{7}{4} < 0$$

$$\frac{5}{-9} = -\frac{5}{9} < 0$$

Comparación de orden entre fracciones positivas.

¿Cómo podemos saber cuál es mayor entre dos fracciones positivas? La respuesta, otra vez, tiene que ver con los productos cruzados. Si una fracción es mayor que otra y ambas son positivas, sus productos cruzados conservan el orden relativo de las fracciones. En lenguaje algebraico:

$$\frac{p}{q} > \frac{r}{s} > 0 \Leftrightarrow ps > qr$$

Y se lee: p entre q es mayor que r entre s, si y sólo si, p por s es mayor que q por r, siempre que r entre s (y, por consecuencia, también p entre q) sea positivo. Ejemplo:

$$\frac{7}{5} > \frac{4}{3} \Leftrightarrow 7*3 > 5*4$$

Comparación de orden entre una fracción positiva y otra negativa.

$$\frac{p}{q} > 0 \ \ y \ \ \frac{r}{s} < 0 \ \Rightarrow \ \frac{p}{q} > \frac{r}{s}$$

Se lee: si p entre q es positiva y r entre s es negativa, entonces p entre q es mayor que r entre s. (Una fracción positiva siempre será mayor que una fracción negativa).

Ejemplo:

$$\frac{1}{3} > 0 \ \ y \ -\frac{25}{2} < 0 \ \Rightarrow \ \frac{1}{3} > -\frac{25}{2}$$

Comparación de orden entre fracciones negativas:

$$\frac{p}{q} < \frac{r}{s} < 0 \ \ y \ \ qs > 0 \ \Leftrightarrow \ ps < qr < 0$$

Se lee: si p entre q es menor que r entre s y ambos son negativos y, además, el producto q por s es positivo, entonces p por s es menor que q por r y ambos productos son negativos. Y viceversa, si p por s es menor que q por r y ambos productos son negativos, pero q por s es positivo, entonces p entre q es menor que r entre s y ambos son negativos.

Ejemplos:

$$\frac{8}{-5} < \frac{3}{-4} < 0 \ \ y \ \ (-5)(-4) = 20 > 0 \ \Leftrightarrow$$

$$8(-4) = -32 < -15 = 3(-5)$$

OPERACIONES ARITMÉTICAS.

Suma.

El algoritmo más simple y directo para sumar dos fracciones, se resume en la siguiente fórmula:

$$\frac{p}{q} + \frac{r}{s} = \frac{ps + qr}{qs}$$

Ejemplo:

$$\frac{3}{7} + \frac{2}{11} = \frac{3*11 + 7*2}{7*11}$$

$$= \frac{33 + 14}{77} = \frac{47}{77}$$

Resta.

El algoritmo para la resta es prácticamente el mismo que el de la suma, con la diferencia de que en el numerador del resultado los productos cruzados se restan:

$$\frac{p}{q} - \frac{r}{s} = \frac{ps - qr}{qs}$$

Ejemplo:

$$\frac{9}{8} - \frac{7}{9} = \frac{9*9 - 7*8}{8*9}$$

$$= \frac{81-56}{72} = \frac{25}{72}$$

Multiplicación.

El algoritmo para multiplicar dos fracciones es muy simple: se multiplican numerador por numerador y denominador por denominador:

$$\frac{p}{q} * \frac{r}{s} = \frac{p*r}{q*s}$$

Ejemplo:

$$\frac{5}{6} \times \frac{3}{4} = \frac{5 \times 3}{6 \times 4}$$

$$= \frac{15}{24}$$

División.

El algoritmo de la división de fracciones está basado en la noción de los inversos multiplicativos. La idea es que para cada número racional, existe otro número racional al que se le conoce como su inverso multiplicativo, tal que si multiplicamos el número en cuestión por su inverso multiplicativo, el resultado es 1 (el neutro multiplicativo).

Por ejemplo, consideremos el número 3/15, la pregunta es: ¿por qué número racional habría que multiplicar este número para que el resultado sea 1?

Podemos representar nuestro problema así:

$$\frac{3}{15} \times \frac{x}{y} = 1$$

Necesitamos encontrar esos dos enteros x e y, tales que el resultado del producto de las fracciones anteriores dé como resultado 1 (recordemos que el producto de dos números racionales se hace multiplicando numerador por numerador y denominador por denominador).

La solución está a la vista: si multiplicamos el 3 por 15 y el 15 por 3, nos da el mismo número, de manera que tendríamos el mismo número en el numerador y en el denominador y el resultado final sería 1:

$$\frac{3}{15} \times \frac{15}{3} = \frac{3 \times 15}{15 \times 3}$$

$$= \frac{45}{45}$$

$$= 1$$

A la fracción 15/3 la llamamos el "inverso multiplicativo" de 3/15.

Ahora bien, sabemos que si dividimos cualquier número entre sí mismo, el resultado es 1. Entonces, podemos concluir que:

$$\frac{3}{15} \div \frac{3}{15} = 1 = \frac{3}{15} \times \frac{15}{3}$$

Es decir, que dividir un número entre sí mismo es lo mismo que multiplicar ese número por su inverso multiplicativo. Podemos generalizar esta afirmación en lo que conocemos como el algoritmo de división de quebrados:

$$\frac{p}{q} \div \frac{r}{s} = \frac{p}{q} \times \frac{s}{r}$$

Esto es, que dividir la fracción *p sobre q*, entre la fracción *r sobre s*, es lo mismo que multiplicar la fracción *p sobre q*, por el inverso multiplicativo de la fracción *r sobre s*, que es la fracción *s sobre r*.

Ejemplos:

$$\frac{3}{5} \div \frac{10}{7} = \frac{3}{5} \times \frac{7}{10}$$

$$= \frac{3 \times 7}{5 \times 10}$$

$$= \frac{21}{50}$$

$$\frac{10}{3} \div \frac{5}{6} = \frac{10}{3} \times \frac{6}{5}$$

$$= \frac{10 \times 6}{3 \times 5}$$

$$= \frac{60}{15} = 4$$

Made in the USA
Columbia, SC
20 January 2025